참 맛있고 참 알뜰하고 참 몸에 좋은

# 우리집 도시락

**책을 만드는 데 도움을 주신 분들**

**기획** 손예정

**연출** 김태리

**어시스트** 조가희, 곽정매, 정혜정, 최재원, 배경내, 황민기

**사진** ONEONE6 STUDIO 최돈현(011-219-9478)

**어시스트** 최재원

**장소 제공** 양향자 푸드 & 코디아카데미(www.yfa.co.kr ┃ Tel : 511-1575)

　　　　　　(사)세계음식문화연구원(www.yfcc.or.kr ┃ Tel : 511-1540)

**도시락 제품 협찬** 락앤락 www.locknlock.com

**참** 맛있고 **참** 알뜰하고 **참** 몸에 좋은

# 우리집 도시락

**지은이** 양향자

**펴낸이** 양동현

**펴낸곳** 도서출판 아카데미북

　　　　**출판등록** 제 13-493호

　　　　136-034, 서울 성북구 동소문동4가 124-2

　　　　**대표전화** 02) 927-2345 **팩스** 02) 927-3199

**초판 1쇄 인쇄** 2009년 11월 25일

**초판 1쇄 발행** 2009년 11월 30일

ISBN 978-89-5681-100-0 / 13570

＊잘못 만들어진 책은 구입한 곳에서 바꾸어 드립니다.

**www.academy-book.co.kr**

참 맛있고
참 알뜰하고
참 몸에 좋은

우리집 도시락

양향자 세계음식문화연구원장 지음

아카데미북

# 큰 힘을 주는, 정성이 가득 담긴 도시락

따스한 햇살과 파란 하늘이 사람의 기분을 설레게 합니다.

어린 시절 봄가을이면 어김없이 소풍 가는 저를 위해 도시락을 싸 주시던 어머니가 생각납니다. 주먹밥, 김밥, 계란 프라이, 멸치볶음 등 재료가 다양하진 않았지만 그때 그 도시락 맛은 지금도 잊혀지지 않습니다.

옛 추억을 떠올리며 정성껏 만든 도시락을 선보입니다. 사랑하는 가족을 위해 오늘도 시장에서 싱싱한 재료를 고르고, 맛있는 도시락 반찬을 만들어 봅니다.

매일 사 먹는 밥이 지루해질 때, 일주일에 한 번 정도는 도시락을 싸서 출근을 하고, 야외 나들이도 나가 보면 어떨까요? 공부하느라 여념이 없는 수험생에게는 영양이 넘치는 맛 좋은 도시락으로 힘을 북돋아 줄 수도 있겠네요. 정성껏 마련한 도시락을 먹으며 따뜻한 마음을 느낄 수 있지 않을까요?

도시락을 마련하는 주부들의 고민을 조금이나마 덜어 드리고자 냉장고에 있는 재료를 활용하여 알뜰하면서도 맛과 건강까지 챙기는 여러 가지 방법을 제안합니다. 부모님과 남편, 어린 아기에서 수험생까지 저마다에게 필요한 영양을 고려한 도시락으로 활기찬 점심시간이 되었으면 좋겠습니다.

여러분, 따뜻하고 맛있는 도시락 드시고 오늘도 힘을 내시기를 바랍니다.

— 지은이 **양향자**

## 도시락 이야기

항상 얼굴에 미소 짓게 하는 말, 도시락
오늘은 무슨 반찬일까? '기대'
국물이 새면 어쩌지? '걱정'
엄마는 오늘도 날 위해서…… '감사'
아, 잘 먹었다!!! '만족'

하루 일과의 백미였던 '점심시간'은 사회인이 된 지금도 가장 기대되는 시간입니다.
아쉬운 것은 이제 엄마가 싸 주신 도시락을 먹기가 힘들다는 것이죠.
하지만 항상 엄마 같은 푸근한 미소로 열심히 요리 연구를 하시는 양향자 선생님의 도
시락 세계를 통해서 이제는 제 아이에게 울 엄마 도시락 못지않은 정성 어린 도시락을
싸 주고 싶습니다.

막막한 제 손 끝에 길을 터 주신 선생님, 감사합니다.

― 아나운서 **이지연**

# 차 례

지은이의 말 – 큰 힘을 주는, 정성이 담긴 도시락  4

추천의 말 – 아나운서 이지연  5

식재료 영양 분석표  11

## PART 1 ● 직장인을 위한 알뜰 도시락

어묵볶음 / 새우마늘종볶음  22
꽈리고추쇠고기볶음 / 완자조림  24
깻잎전 / 땅콩조림  26
도라지무침 / 부추버섯전  28
김치말이쌈밥  30
깻잎말이쌈밥  31
찬밥채소롤  32
베이컨말이주먹밥  33
양파고추볶음 / 깻잎찜  34
후리카케주먹밥 / 닭가슴살탕수육  36
삼색밥 / 오징어말이 / 과일샐러드  38
홍합조림  40

## PART 2 ● 나들이가 즐거워지는 도시락

사과맛탕 / 모듬꼬치  42

무장아찌김밥  44

참치전버거  45

엄마손김밥 / 호밀빵샌드위치  46

먹물바게트샌드위치 2종(닭가슴살샌드위치 / 살라미치즈샌드위치)  48

그릴샌드위치  49

잡곡샌드위치  50

샐러드누드김밥 / 크림치즈식빵  52

크루아상샌드위치  53

커피번  54

치킨토르티야롤  56

치킨볼  57

도시락에 곁들이는
과일 손질법
58

## PART 3 ● 수험생을 위한 도시락

굴죽 / 더덕떡갈비 / 꽁치트위스티  62

돼지고기카레구이 / 건강주스  64

검정콩밥 / 호박고기박이 / 잔멸치볶음  66

다시마말이 / 오징어크로켓  68

단호박쇠고기볶음  70

계란치즈말이  71

파프리카불고기 / 햄계란샐러드  72

돼지불고기 / 흑미밥  74

치즈밥 / 부추전 / 닭고기양념조림  76

흑미검정콩밥 / 호박새우살전 / 감자조림  78

영양밥 / 두부조림  80

계란말이밥 / 표고볶음 / 감자샐러드 / 오이초절임  82

도시락에 어울리는
건강 음료
86

완두콩밥 / 김치전 / 껍질콩조림 / 콩나물무침  84

도시락에 맛과 멋을
더해 주는 포장법
**104**

## PART 4 ● 어린이를 위한 영양 도시락

지단말이불고기김밥 / 과일감자매시드 / 쇠고기무국  **90**
버섯토마토푸실리 / 식빵비스크 / 양배추피클  **92**
캐릭터김치주먹밥  **94**
마늘종오므라이스  **95**
후리카케날치알주먹밥 / 계란채소샐러드  **96**
베이컨 감자말이꼬치 / 흑미유부초밥 / 복숭아요거트  **98**
볶음밥새우크로켓  **100**
참치누드김밥  **101**
과일샌드위치 / 꽁지김밥  **102**

## PART 5 ● 부모님을 위한 건강 도시락

브로콜리강회  **106**
미역쌈주먹밥  **107**
표고주먹밥  **108**
한국식불고기  **109**
케이준키친가지튀김  **110**
양배추찜쌈밥 / 볶음밥  **112**
김치볶음밥 / 쇠고기완자조림  **114**
채소고추장밥전  **116**

## PART 6 ● 남편을 위한 활력 도시락

햄버거스테이크 / 주먹밥  120

쇠고기버섯말이와 흑미밥  122

훈제연어와 흑미밥  123

황태양념구이덮밥  124

쇠고기장조림 / 밤밥  125

마 · 마늘 · 은행구이 / 참치샐러드  126

호박고기박이구이 / 콩나물국 / 흰쌀밥  128

단호박갈비살조림 / 볶음밥  130

삼색주먹밥 / 감자샐러드  132

매운오징어볶음 / 흰쌀밥  134

## PART 7 ● 우리 아기 이유식 도시락

찹쌀단호박미음  138

두부치즈죽  140

건포도빵죽  142

단호박죽  143

브로콜리사과죽  144

사과당근죽  145

차조쇠고기죽  146

양송이바나나죽  148

연어크림리소토  149

명란채소죽  150

채소쇠고기우동  151

채소쇠고기볶음밥  152

미소된장두부국밥  153

고구마표고진밥 / 고구마칩  154

도시락을 만드는 데 도움이 되는

# 식품 영양 분석표

# 식품 영양표

## 채소 과일

| 식품 종류 | 1회 섭취 분량 (g) | 열량 (kcal) | 탄수화물 (g) | 단백질 (g) | 지방 (g) | 칼슘 (mg) | 나트륨 (mg) | 콜레스테롤 (mg) |
|---|---|---|---|---|---|---|---|---|
| 가지 | 30 | 6 | 1.6 | 0.3 | 4.8 | 0.1 | 1 | 2.7 |
| 고구마줄기 | 10 | 2 | 0.7 | 0.1 | 5.4 | 0.2 | 1 | 1.5 |
| 근대 | 45 | 7 | 1.4 | 1 | 36.9 | 0.9 | 72 | 8.1 |
| 깍두기 | 35 | 12 | 2.6 | 0.6 | 13 | 0.1 | 209 | 6.7 |
| 깻잎김치 | 30 | 14 | 3 | 1.4 | 59.5 | 0.8 | 852 | 3.4 |
| 동치미 | 100 | 11 | 3 | 0.7 | 18 | 0.2 | 609 | 9 |
| 배추김치 | 40 | 7 | 1.6 | 0.8 | 18.8 | 0.3 | 458 | 5.6 |
| 오이김치 | 50 | 16 | 3.2 | 1.2 | 22.3 | 0.7 | 803 | 7.7 |
| 총각김치 | 35 | 15 | 3 | 0.9 | 14.7 | 0.1 | 251 | 7 |
| 늙은호박 | 60 | 16 | 4.5 | 0.5 | 0.5 | 0.5 | 1 | 9 |
| 당근 | 8 | 3 | 0.7 | 0.1 | 3.2 | 0.1 | 2 | 0.6 |
| 더덕 | 20 | 11 | 2.5 | 0.8 | 4.8 | 0.4 | 1 | 1.2 |
| 무 | 50 | 28 | 6.8 | 1.2 | 21 | 0.9 | 9 | 8 |
| 브로콜리 | 30 | 8 | 2 | 1.3 | 67.6 | 0.5 | 2 | 29.4 |
| 시금치 | 45 | 14 | 2.7 | 1.4 | 18 | 1.2 | 24 | 27 |
| 아욱 | 50 | 10 | 1.3 | 1.8 | 47 | 1 | 18 | 24 |
| 양배추 | 30 | 6 | 1.6 | 0.2 | 8.7 | 0.2 | 2 | 10.8 |
| 우엉 | 15 | 10 | 2.3 | 0.5 | 8.4 | 0.1 | 1 | 0.5 |
| 오이지 | 15 | 1 | 0.3 | 0.1 | 5 | 0.1 | 217 | 0 |
| 취나물 | 45 | 14 | 3.2 | 1.5 | 55.8 | 1 | 7 | 6.3 |
| 콩나물 | 40 | 12 | 1.4 | 2 | 14.4 | 0.5 | 2 | 2 |
| 애호박 | 38 | 8 | 2.1 | 0.5 | 4.6 | 0.1 | 0 | 2.8 |
| 피망 | 6 | 1 | 0.3 | 0 | 0.6 | 0 | 0 | 3.2 |
| 파 | 10 | 3 | 0.7 | 0.2 | 8.1 | 0.1 | 0 | 2.1 |
| 느타리 | 25 | 6 | 1.5 | 0.7 | 0.3 | 0.1 | 1 | 0.8 |
| 양송이 | 10 | 2 | 0.5 | 0.4 | 0.7 | 0.2 | 1 | 0 |
| 팽이버섯 | 10 | 3 | 0.6 | 0.3 | 0.2 | 0.1 | 1 | 1.2 |
| 표고 | 10 | 3 | 0.6 | 0.2 | 0.6 | 0.1 | 1 | 0 |
| 감 | 45 | 37 | 10.4 | 0.4 | 1.8 | 2.7 | 6 | 5.9 |

# 식품 영양표

## 채소 과일

| 식품 종류 | 1회 섭취 분량 (g) | 열량 (kcal) | 탄수화물 (g) | 단백질 (g) | 지방 (g) | 칼슘 (mg) | 나트륨 (mg) | 콜레스테롤 (mg) |
|---|---|---|---|---|---|---|---|---|
| 귤 | 100 | 38 | 9.9 | 0.7 | 13 | 0 | 11 | 44 |
| 딸기 | 75 | 26 | 6.7 | 0.6 | 5.3 | 0.3 | 10 | 53.3 |
| 바나나 | 135 | 108 | 28.5 | 16 | 5.4 | 0.9 | 3 | 13.5 |
| 배 | 150 | 59 | 16.4 | 0.5 | 3 | 0.3 | 5 | 6 |
| 사과 | 150 | 69 | 18.2 | 0.3 | 6 | 0.6 | 11 | 7.5 |
| 수박 | 130 | 31 | 6.9 | 1 | 1.3 | 0.3 | 1 | 18.2 |
| 오렌지 | 200 | 86 | 22.4 | 1.8 | 66 | 0.4 | 2 | 86 |
| 키위 | 45 | 24 | 6.5 | 0.4 | 13.5 | 0.1 | 1 | 12.2 |
| 토마토 | 100 | 14 | 3.3 | 0.9 | 9 | 0.3 | 5 | 11 |
| 참외 | 140 | 25 | 10.5 | 3.1 | 8.4 | 4.5 | 14 | 29.4 |
| 포도 | 70 | 39 | 10.6 | 0.4 | 4.2 | 0.3 | 4 | 1.4 |

## 육류

| 식품 종류 | 1회 섭취 분량 (g) | 열량 (kcal) | 탄수화물 (g) | 단백질 (g) | 지방 (g) | 칼슘 (mg) | 나트륨 (mg) | 콜레스테롤 (mg) |
|---|---|---|---|---|---|---|---|---|
| 닭고기 | 95 | 171 | 18.1 | 10.1 | 9.5 | 0.9 | 63 | 71.3 |
| 돼지고기(삼겹살) | 155 | 513 | 26.7 | 44 | 12.4 | 1.1 | 68 | 99.2 |
| 햄 | 15 | 39 | 2.3 | 2.8 | 0.5 | 0.3 | 124 | 9.3 |
| 소시지 | 35 | 105 | 4.8 | 8.5 | 4.6 | 0.4 | 293 | 17.5 |
| 쇠고기(갈비) | 100 | 263 | 18.5 | 19.5 | 3 | 1.2 | 41 | 55 |
| 오리고기 | 165 | 525 | 26.4 | 45.5 | 24.8 | 2.8 | 140 | 132 |
| 계란 | 40 | 55 | 4.7 | 3.3 | 17.2 | 0.6 | 61 | 188 |

## 어패류 · 해조류

| 식품 종류 | 1회 섭취 분량 (g) | 열량 (kcal) | 탄수화물 (g) | 단백질 (g) | 지방 (g) | 칼슘 (mg) | 나트륨 (mg) | 콜레스테롤 (mg) |
|---|---|---|---|---|---|---|---|---|
| 갈치 | 40 | 60 | 7.4 | 3 | 18.4 | 0.4 | 40 | 28.8 |
| 자반고등어 | 55 | 95 | 14.8 | 3.4 | 21.5 | 1.6 | 990 | 25.9 |
| 굴 | 20 | 13 | 1.8 | 0.2 | 8.6 | 0.8 | 46 | 7.2 |
| 굴비 | 80 | 266 | 35.5 | 12.2 | 54.4 | 11.5 | 330 | 0 |
| 꽃게 | 45 | 33 | 6.2 | 0.4 | 53.1 | 1.4 | 137 | 36 |

# 식품 영양표

## 어패류 · 해조류

| 식품 종류 | 1회 섭취 분량 (g) | 열량 (kcal) | 탄수화물 (g) | 단백질 (g) | 지방 (g) | 칼슘 (mg) | 나트륨 (mg) | 콜레스테롤 (mg) |
|---|---|---|---|---|---|---|---|---|
| 낙지 | 60 | 33 | 6.9 | 0.4 | 9 | 0.3 | 136 | 52.8 |
| 멸치 | 5 | 12 | 1.9 | 0.3 | 64.5 | 0.8 | 43 | 5.7 |
| 바지락 | 35 | 24 | 4 | 0.3 | 25.6 | 4.7 | 0 | 8.8 |
| 뱅어포 | 10 | 36 | 6 | 1.1 | 98.2 | 0.3 | 68 | 83.4 |
| 새우 | 35 | 33 | 7 | 0.3 | 27 | 0.9 | 95 | 45.5 |
| 어묵 | 25 | 35 | 3 | 0.6 | 14.5 | 0.2 | 187 | 4.1 |
| 훈제연어 | 20 | 34 | 4.6 | 1.5 | 4 | 0.2 | 159 | 9 |
| 오징어 | 35 | 33 | 6.8 | 0.5 | 8.8 | 0.2 | 63 | 102.9 |
| 마른오징어 | 15 | 53 | 10.2 | 1 | 37.8 | 0.4 | 147 | 127 |
| 임연수어 | 50 | 83 | 9.9 | 4.4 | 17.5 | 0.5 | 55 | 33.5 |
| 해파리 | 20 | 7 | 1 | 0.1 | 15 | 1.1 | 1,200 | 47.8 |
| 홍합 | 20 | 14 | 1.9 | 0.2 | 12.4 | 1.1 | 52 | 9.8 |
| 김 | 2 | 2 | 0.7 | 0 | 4.6 | 0.5 | 0 | 0 |
| 다시마 | 1 | 1 | 0.1 | 0 | 7.1 | 0.1 | 31 | 0 |
| 미역 | 6 | 6 | 1.2 | 0.2 | 57.5 | 0.5 | 366 | 0 |
| 톳 | 50 | 6 | 1 | 0.2 | 78.5 | 2 | 205 | 0 |
| 파래 | 40 | 3 | 1 | 0 | 8.8 | 5.5 | 339 | 0 |

## 유제품 · 유지류

| 식품 종류 | 1회 섭취 분량 (g) | 열량 (kcal) | 탄수화물 (g) | 단백질 (g) | 지방 (g) | 칼슘 (mg) | 나트륨 (mg) | 콜레스테롤 (mg) |
|---|---|---|---|---|---|---|---|---|
| 아이스크림 | 120 | 216 | 27.8 | 4.7 | 9.6 | 168 | 132 | 38.4 |
| 요구르트 | 150ml | 98 | 22.4 | 2.3 | 0.2 | 58.5 | 93 | 0 |
| 우유 | 200ml | 120 | 9.4 | 6.4 | 6.4 | 210 | 110 | 22 |
| 치즈 | 20 | 64 | 0.3 | 5.3 | 4.6 | 126.6 | 62 | 16 |
| 마요네즈 | 10 | 74 | 0.9 | 0.1 | 7.5 | 0.8 | 46 | 21.2 |
| 버터 | 5 | 37 | 0 | 0 | 4.2 | 1.1 | 36 | 10 |
| 올리브유 | 4 | 37 | 0 | 0 | 4 | 0 | 0 | 0 |
| 참기름 | 4 | 35 | 0 | 0 | 4 | 0 | 0 | 0 |

# 식품 영양표

## 조미료류

| 식품 종류 | 1회 섭취 분량 (g) | 열량 (kcal) | 탄수화물 (g) | 단백질 (g) | 지방 (g) | 칼슘 (mg) | 나트륨 (mg) | 콜레스테롤 (mg) |
|---|---|---|---|---|---|---|---|---|
| 왜간장 | 15 | 8 | 0.7 | 1.2 | 0 | 5.9 | 0.3 | 879 |
| 겨자 | 3 | 13 | 1 | 0.9 | 0.7 | 10.6 | 0.2 | 1 |
| 고추냉이 | 2 | 6 | 1.4 | 0.3 | 0.1 | 4.3 | 0.2 | 2 |
| 고추장 | 18 | 27 | 7.5 | 1 | 0.1 | 19.4 | 0.3 | 596 |
| 고춧가루 | 2 | 5 | 1.1 | 0.3 | 0.2 | 1.3 | 0.2 | 0 |
| 깨소금 | 2 | 12 | 0.3 | 0.4 | 1.1 | 24.5 | 0.4 | 0 |
| 된장 | 18 | 24 | 2.7 | 2 | 0.7 | 14.6 | 1.3 | 898 |
| 분말조미료 | 1 | 2 | 0.3 | 0.1 | 0 | 0.2 | 0 | 262 |
| 소금 | 1 | 0 | 0 | 0 | 0 | 0.4 | 0 | 336 |
| 식초 | 4 | 1 | 0.2 | 0 | 0 | 0.1 | 0 | 0 |
| 쌈장 | 18 | 35 | 5.3 | 1.8 | 0.8 | 12.2 | 0.4 | 592 |
| 청국장 | 18 | 31 | 0.5 | 3.5 | 1.5 | 19.1 | 0.7 | 1,082 |
| 초고추장 | 18 | 30 | 8.2 | 0.8 | 0 | 3.8 | 0.2 | 564 |
| 케첩 | 5 | 6 | 1.6 | 0.1 | 0 | 0.4 | 0 | 49 |
| 우스터소스 | 5 | 4 | 0.9 | 0 | 0 | 1.8 | 0 | 84 |
| 자장소스 | 18 | 33 | 4.4 | 2.4 | 0.8 | 10.8 | 0.5 | 581 |
| 카레(분말) | 8 | 32 | 4.7 | 0.8 | 1.2 | 5.2 | 0.4 | 376 |

## 밥류

| 식품 종류 | 1회 섭취 분량 (g) | 열량 (kcal) | 탄수화물 (g) | 단백질 (g) | 지방 (g) | 칼슘 (mg) | 나트륨 (mg) | 콜레스테롤 (mg) |
|---|---|---|---|---|---|---|---|---|
| 쌀밥 | 250 | 405 | 89.5 | 6.6 | 0.4 | 7.9 | 7.9 | 0 |
| 오곡밥 | 240 | 334.1 | 72.5 | 7 | 0.8 | 13.4 | 221.6 | 0 |
| 차조밥 | 250 | 383.9 | 84.2 | 6.6 | 0.7 | 8.5 | 7.2 | 0 |
| 콩밥 | 250 | 383.3 | 80 | 8.8 | 2 | 26.1 | 7 | 0 |
| 흑미밥 | 250 | 387.2 | 18.5 | 6.7 | 0.7 | 8.4 | 7.3 | 0 |
| 현미밥 | 250 | 389.3 | 86 | 7.1 | 1.1 | 6.8 | 34.1 | 0 |
| 팥밥 | 250 | 344.9 | 75.5 | 7.1 | 0.4 | 13.6 | 6.8 | 0 |
| 수수밥 | 300 | 465.8 | 103.5 | 8.6 | 1 | 9.7 | 8.6 | 0 |
| 콩나물밥 | 830 | 549.3 | 105.2 | 18 | 6.2 | 66.3 | 504.2 | 11.6 |

# 식품 영양표

## 밥류

| 식품 종류 | 1회 섭취 분량 (g) | 열량 (kcal) | 탄수화물 (g) | 단백질 (g) | 지방 (g) | 칼슘 (mg) | 나트륨 (mg) | 콜레스테롤 (mg) |
|---|---|---|---|---|---|---|---|---|
| 오징어덮밥 | 500 | 455.6 | 84.2 | 23.7 | 1.9 | 60.5 | 736.2 | 249.3 |
| 오므라이스 | 500 | 519.4 | 90.8 | 14.6 | 9.7 | 44.6 | 857.9 | 206.8 |
| 유부초밥 | 250 | 463.4 | 81.3 | 16.5 | 8.2 | 96.2 | 443.8 | 0 |
| 잡채밥 | 380 | 447.4 | 75.4 | 9.5 | 11 | 28.5 | 469.4 | 13.5 |
| 김치볶음밥 | 300 | 480.8 | 93 | 9.6 | 6.8 | 394 | 733.5 | 5 |
| 비빔밥 | 1,000 | 588.9 | 95.1 | 20.5 | 14.1 | 89.2 | 882.8 | 214.7 |
| 김밥 | 250 | 306 | 57.4 | 9.2 | 4.2 | 74.1 | 600.9 | 64.5 |
| 카레라이스 | 350 | 433.8 | 75 | 12.2 | 8.8 | 33.5 | 1179.9 | 15.3 |
| 회덮밥 | 920 | 696.5 | 121.9 | 39.8 | 5.5 | 114.2 | 891.6 | 51.2 |

## 죽류

| 식품 종류 | 1회 섭취 분량 (g) | 열량 (kcal) | 탄수화물 (g) | 단백질 (g) | 지방 (g) | 칼슘 (mg) | 나트륨 (mg) | 콜레스테롤 (mg) |
|---|---|---|---|---|---|---|---|---|
| 누룽지 | 250 | 109.7 | 24.3 | 1.8 | 0.1 | 2.1 | 2.1 | 0 |
| 닭죽 | 500 | 526.3 | 67.2 | 45.4 | 7.7 | 30.1 | 362.6 | 131.4 |
| 백미죽 | 250 | 195 | 43 | 3 | 0 | 4 | 4 | 0 |
| 크림스프 | 200 | 152.2 | 22.2 | 3.4 | 6.2 | 28.9 | 61 | 14.2 |
| 전복죽 | 200 | 184.6 | 32 | 5.1 | 3.4 | 17.4 | 275.8 | 25.9 |
| 팥죽 | 250 | 243.6 | 21.4 | 8.6 | 0.2 | 25 | 308 | 0 |
| 호박죽 | 300 | 253.1 | 57.7 | 6 | 0.3 | 41.5 | 3 | 0 |

## 국 · 찌개류

| 식품 종류 | 1회 섭취 분량 (g) | 열량 (kcal) | 탄수화물 (g) | 단백질 (g) | 지방 (g) | 칼슘 (mg) | 나트륨 (mg) | 콜레스테롤 (mg) |
|---|---|---|---|---|---|---|---|---|
| 감자국 | 250 | 55.1 | 11.4 | 2.8 | 0.1 | 29.6 | 239.3 | 1.5 |
| 근대된장국 | 300 | 36.1 | 5.3 | 3.7 | 0.8 | 83 | 868 | 0.1 |
| 김치국 | 250 | 21.3 | 2.2 | 2.5 | 0.8 | 63.6 | 705.2 | 1.8 |
| 무국 | 260 | 61.4 | 10.8 | 4.3 | 0.9 | 66.8 | 418.4 | 5 |
| 미역국 | 250 | 20.4 | 2.4 | 2.1 | 1.2 | 82 | 780.4 | 1.8 |
| 북어국 | 300 | 112.4 | 2.8 | 16.3 | 3.8 | 82.2 | 861.4 | 119.9 |
| 선짓국 | 300 | 70 | 4 | 9.9 | 1.9 | 26.2 | 617.4 | 28 |

# 식품 영양표

## 국 · 찌개류

| 식품 종류 | 1회 섭취 분량 (g) | 열량 (kcal) | 탄수화물 (g) | 단백질 (g) | 지방 (g) | 칼슘 (mg) | 나트륨 (mg) | 콜레스테롤 (mg) |
|---|---|---|---|---|---|---|---|---|
| 순대국 | 300 | 127 | 11.3 | 6.7 | 5.1 | 22.5 | 272 | 44.3 |
| 시래기된장국 | 250 | 38 | 5.4 | 3.7 | 0.8 | 186.7 | 784 | 1.9 |
| 어묵국 | 250 | 53 | 7 | 4.6 | 0.9 | 52.8 | 368 | 10.5 |
| 오징어국 | 300 | 62 | 3.7 | 10.2 | 0.8 | 28 | 494.1 | 141.7 |
| 육개장 | 300 | 86 | 6.2 | 8.6 | 3.8 | 35.6 | 621.3 | 45.9 |
| 조개국 | 250 | 28 | 1.5 | 4.5 | 0.3 | 30.4 | 292.1 | 9.6 |
| 콩나물국 | 250 | 18.2 | 2.3 | 2.6 | 0.6 | 32 | 319 | 1 |
| 갈비탕 | 1,000 | 362.5 | 20.7 | 16.5 | 22.3 | 48.2 | 991.6 | 49.9 |
| 꽃게탕 | 300 | 98 | 7.1 | 14.4 | 1.5 | 132.6 | 874 | 70.6 |
| 삼계탕 | 550 | 395 | 32 | 30 | 15.4 | 32.9 | 857.2 | 134.5 |
| 해물탕 | 250 | 86.3 | 6 | 13.9 | 1.4 | 106.3 | 473.1 | 50.5 |
| 김치찌개 | 250 | 88.1 | 4 | 7.2 | 5.7 | 65.9 | 942.4 | 11.4 |
| 동태찌개 | 265 | 71.1 | 4.5 | 11 | 1.4 | 60.9 | 437.2 | 31.3 |
| 된장찌개 | 175 | 60.2 | 6 | 5.4 | 2.2 | 82.4 | 637.2 | 1.8 |
| 부대찌개 | 300 | 171.3 | 13.3 | 9.1 | 9.8 | 43.9 | 778 | 16.9 |
| 순두부찌개 | 250 | 80.3 | 4.3 | 7.7 | 4.3 | 73.9 | 374 | 75.5 |
| 청국장찌개 | 200 | 79 | 2.5 | 8.5 | 4.2 | 87 | 1457 | 2.4 |

## 찜 · 조림류

| 식품 종류 | 1회 섭취 분량 (g) | 열량 (kcal) | 탄수화물 (g) | 단백질 (g) | 지방 (g) | 칼슘 (mg) | 나트륨 (mg) | 콜레스테롤 (mg) |
|---|---|---|---|---|---|---|---|---|
| 갈비찜 | 100 | 262.2 | 3.5 | 13.7 | 20 | 18.5 | 413 | 43.2 |
| 계란찜 | 90 | 50.3 | 1.2 | 4.3 | 3 | 18.4 | 305.1 | 168.6 |
| 아구찜 | 300 | 89 | 5.6 | 12.5 | 2.5 | 44.2 | 350.2 | 39.3 |
| 족발 | 150 | 165 | 0.3 | 15.5 | 11.6 | 8.3 | 76 | 60.8 |
| 갈치조림 | 50 | 37 | 1.8 | 4 | 1.5 | 15.8 | 120 | 13.8 |
| 감자조림 | 50 | 39 | 6.8 | 1.3 | 0.9 | 7.6 | 104 | 0 |
| 고등어조림 | 100 | 107 | 3.3 | 11.1 | 5.4 | 26.8 | 284.4 | 24.2 |
| 두부조림 | 80 | 89.4 | 3.3 | 8.2 | 5.9 | 113.5 | 355 | 0 |
| 연근조림 | 25 | 24 | 5.2 | 0.8 | 0.3 | 10.9 | 182 | 0 |

# 식품 영양표

## 찜 · 조림류

| 식품 종류 | 1회 섭취 분량 (g) | 열량 (kcal) | 탄수화물 (g) | 단백질 (g) | 지방 (g) | 칼슘 (mg) | 나트륨 (mg) | 콜레스테롤 (mg) |
|---|---|---|---|---|---|---|---|---|
| 장조림 | 30 | 45 | 2.4 | 6.1 | 1.2 | 7.4 | 388.3 | 17.1 |
| 콩자반 | 15 | 38 | 3.8 | 3 | 1.7 | 22.6 | 87 | 0 |

## 구이 · 전 · 튀김류

| 식품 종류 | 1회 섭취 분량 (g) | 열량 (kcal) | 탄수화물 (g) | 단백질 (g) | 지방 (g) | 칼슘 (mg) | 나트륨 (mg) | 콜레스테롤 (mg) |
|---|---|---|---|---|---|---|---|---|
| 가자미구이 | 50 | 76 | 0.2 | 11.2 | 3.1 | 20.4 | 255 | 50.1 |
| 갈비구이 | 200 | 586 | 14.3 | 28.1 | 43.7 | 40.8 | 1093.4 | 87.4 |
| 갈치구이 | 50.4 | 110.4 | 0.1 | 11.3 | 6.8 | 28.5 | 331 | 44.1 |
| 고등어구이 | 55 | 110.4 | 0 | 10.6 | 7.1 | 13.9 | 226.4 | 25.2 |
| 불고기 | 150 | 197.5 | 6.9 | 17.4 | 10.9 | 29.6 | 700 | 53 |
| 삼겹살구이 | 190 | 610.4 | 1.5 | 31.7 | 52.4 | 15.7 | 843.1 | 118 |
| 삼치구이 | 50 | 77 | 0 | 8.6 | 4.4 | 11.2 | 282 | 32.6 |
| 오리로스구이 | 150 | 508.1 | 2 | 25.5 | 43.9 | 26.6 | 834.1 | 127.3 |
| 임연수구이 | 50 | 102 | 0 | 10.3 | 6.3 | 18.4 | 197 | 35 |
| 장어구이 | 100 | 220 | 12.8 | 16.5 | 11.5 | 88.3 | 537.4 | 58.9 |
| 조기구이 | 75 | 112 | 0 | 18.3 | 3.8 | 36.2 | 368.4 | 64.9 |
| 김치전 | 180 | 133.3 | 17.8 | 4.6 | 4.8 | 33.4 | 815 | 47.3 |
| 녹두빈대떡 | 150 | 198.4 | 21.8 | 9 | 8.8 | 30.1 | 591 | 7.9 |
| 계란말이 | 50 | 74.2 | 2 | 4.9 | 5 | 22.5 | 305.1 | 191.5 |
| 동태전 | 50 | 66.1 | 3.2 | 5.2 | 3.4 | 16.4 | 229 | 52.8 |
| 완자전 | 50 | 84 | 2.5 | 4.6 | 6.1 | 16.8 | 125 | 35.1 |
| 파전 | 100 | 109.2 | 14.3 | 3.2 | 4.1 | 30.9 | 197 | 35.2 |
| 호박전 | 70 | 76 | 6.2 | 2.9 | 4.5 | 13.3 | 214.4 | 70.6 |
| 고구마맛탕 | 135 | 266 | 48.1 | 2.5 | 8 | 31.7 | 18 | 0.1 |
| 고추튀김 | 50 | 42 | 2.2 | 0.5 | 3.7 | 3 | 254.2 | 0 |
| 다시마튀각 | 50 | 68 | 7.2 | 1.2 | 4.1 | 101.7 | 360 | 0 |
| 양념치킨 | 200 | 355.2 | 21.4 | 20.2 | 19 | 45.6 | 339.4 | 136.4 |
| 프라이드치킨 | 200 | 328.4 | 7.4 | 24.9 | 21.3 | 20.1 | 662.2 | 163.8 |
| 돈까스 | 105 | 287.5 | 15.5 | 13.8 | 18.5 | 16.8 | 453 | 88.5 |

# 식 품 영양표

## 구이 · 전 · 튀김류

| 식품 종류 | 1회 섭취 분량 (g) | 열량 (kcal) | 탄수화물 (g) | 단백질 (g) | 지방 (g) | 칼슘 (mg) | 나트륨 (mg) | 콜레스테롤 (mg) |
|---|---|---|---|---|---|---|---|---|
| 생선까스 | 50 | 116 | 6.2 | 9.7 | 5.7 | 53.9 | 301.4 | 68.3 |
| 오징어튀김 | 50 | 46 | 2.3 | 4.5 | 1.9 | 6.4 | 39.3 | 63.5 |

## 볶음류

| 식품 종류 | 1회 섭취 분량 (g) | 열량 (kcal) | 탄수화물 (g) | 단백질 (g) | 지방 (g) | 칼슘 (mg) | 나트륨 (mg) | 콜레스테롤 (mg) |
|---|---|---|---|---|---|---|---|---|
| 감자볶음 | 50 | 36.2 | 6 | 1.1 | 1 | 3.6 | 119 | 0.1 |
| 고추멸치볶음 | 30 | 30.3 | 2.3 | 2.7 | 1.2 | 101.4 | 112 | 5.8 |
| 김치볶음 | 60 | 19.1 | 2 | 1 | 1.3 | 24.9 | 478 | 0 |
| 낙지볶음 | 150 | 90 | 10.8 | 6.9 | 3 | 31.2 | 807.1 | 42.8 |
| 닭볶음탕 | 250 | 201 | 12.2 | 17.1 | 9.7 | 25.7 | 544 | 74.2 |
| 닭갈비 | 200 | 322.7 | 20.7 | 23.4 | 16.8 | 49.1 | 912.6 | 102.9 |
| 제육볶음 | 150 | 260 | 10.1 | 15.4 | 17.6 | 30.5 | 562 | 44.2 |
| 떡볶이 | 200 | 170 | 34.1 | 4.7 | 1.9 | 19.5 | 457.4 | 5.6 |
| 멸치볶음 | 25 | 47 | 2.1 | 4.2 | 2.3 | 167.5 | 146 | 9.5 |
| 어묵볶음 | 50 | 88.7 | 10.1 | 5.5 | 3.1 | 42.4 | 526.3 | 12.3 |
| 오징어볶음 | 100 | 95 | 6.8 | 10.6 | 3.2 | 26 | 338.2 | 147.8 |
| 오징어채볶음 | 50 | 108 | 5.3 | 14.2 | 3.2 | 18.7 | 485.5 | 189.6 |

## 무침 · 나물류

| 식품 종류 | 1회 섭취 분량 (g) | 열량 (kcal) | 탄수화물 (g) | 단백질 (g) | 지방 (g) | 칼슘 (mg) | 나트륨 (mg) | 콜레스테롤 (mg) |
|---|---|---|---|---|---|---|---|---|
| 감자샐러드 | 50 | 64 | 9 | 1.7 | 2.5 | 6.8 | 316.5 | 7.1 |
| 골뱅이무침 | 100 | 82 | 10.5 | 8.3 | 1.1 | 33.8 | 421.1 | 55.8 |
| 달래무침 | 50 | 32 | 3 | 1.1 | 2.2 | 38 | 61.4 | 0 |
| 더덕무침 | 50 | 31 | 6.1 | 1.4 | 0.7 | 16.9 | 198 | 0 |
| 도라지생채 | 100 | 52 | 8.6 | 1.1 | 1.7 | 23.4 | 405 | 1.7 |
| 도토리묵 | 100 | 52 | 8.6 | 1.1 | 1.7 | 23.4 | 405 | 0 |
| 무생채 | 50 | 55 | 9.1 | 1.6 | 2.1 | 33.6 | 277.2 | 0 |
| 배추겉절이 | 100 | 33.4 | 3.5 | 1.1 | 2.3 | 39.8 | 502 | 0 |
| 양상추샐러드 | 100 | 56 | 2.9 | 0.3 | 4.8 | 9.7 | 52.2 | 13.6 |

# 식품 영양표

## 무침 · 나물류

| 식품 종류 | 1회 섭취 분량 (g) | 열량 (kcal) | 탄수화물 (g) | 단백질 (g) | 지방 (g) | 칼슘 (mg) | 나트륨 (mg) | 콜레스테롤 (mg) |
|---|---|---|---|---|---|---|---|---|
| 가지무침 | 50.0 | 19.0 | 2.3 | 0.8 | 0.9 | 15.5 | 278.0 | 0.4 |
| 미나리무침 | 50 | 21 | 2.7 | 0.7 | 1.2 | 17.8 | 175 | 0 |
| 고사리나물 | 50 | 25.5 | 2.6 | 1.3 | 1.7 | 11 | 328 | 0 |
| 도라지나물 | 40 | 62 | 8.8 | 1 | 3.1 | 22.3 | 175.2 | 0 |
| 무나물 | 50 | 53 | 6.5 | 1.3 | 3 | 33.6 | 226 | 0 |
| 시금치나물 | 50 | 26 | 3.1 | 1.7 | 1.3 | 28.8 | 154 | 0 |
| 참나물 | 100 | 42.1 | 5.5 | 2.6 | 2.2 | 75.4 | 569 | 0 |
| 콩나물 | 50 | 25 | 2.2 | 2.2 | 1.6 | 25.8 | 203.2 | 0 |
| 호박나물 | 50 | 32 | 3.6 | 0.9 | 2 | 16.5 | 182 | 0.1 |

## 장아찌류

| 식품 종류 | 1회 섭취 분량 (g) | 열량 (kcal) | 탄수화물 (g) | 단백질 (g) | 지방 (g) | 칼슘 (mg) | 나트륨 (mg) | 콜레스테롤 (mg) |
|---|---|---|---|---|---|---|---|---|
| 고추장아찌 | 20 | 6.3 | 1.7 | 0.4 | 0.1 | 4.1 | 0.3 | 223.1 |
| 깻잎장아찌 | 50 | 6 | 1.2 | 0.6 | 0.1 | 19.5 | 0.3 | 88 |
| 꽃게장 | 50 | 32 | 2.4 | 4.8 | 0.3 | 40.6 | 1.1 | 344 |
| 양념꽃게장 | 50 | 39.2 | 3.9 | 5.3 | 0.5 | 41.2 | 1.4 | 709 |
| 마늘장아찌 | 15 | 5.5 | 1.2 | 0.4 | 0 | 3.3 | 0.1 | 7.6 |
| 마늘종장아찌 | 25 | 5.5 | 1.4 | 0.3 | 0 | 2.6 | 0.1 | 7.6 |
| 무초절임 | 30 | 13.2 | 1.7 | 0.3 | 0.8 | 6.7 | 0.2 | 198.3 |
| 단무지 | 40 | 3 | 0.8 | 0.1 | 0 | 5.5 | 0.1 | 256.3 |
| 오이피클 | 50 | 33.7 | 9.3 | 0.2 | 0.1 | 11 | 0.4 | 244.1 |

# PART 1

# 직장인을 위한 알뜰 도시락

식품의 안전성이 위협을 받고 있고, 경제 불황으로 심리적인 부담을 느끼는 사람들이 많은 요즘, 도시락을 준비하는 직장인

이 늘고 있다. 여러 사람이 도란도란 둘러앉은 점심시간, 짧기만 한 점심시간에 맛있고 건강에도 좋은 음식을 먹고, 직원들

간 친목까지 도모할 수 있는 도시락은 그야말로 일석삼조의 효과가 있다.

'도시락' 하면 '오늘은 또 어떤 반찬을 준비하지?' 하는 걱정부터 앞서지만, 영양과 맛, 건강까지 챙기는 도시락용 반찬은

만들기가 그리 어렵지 않다. 주변에서 구하기 쉬운 재료를 이용하여 맛도 좋고 보기에도 좋은 도시락을 만들어 보자.

# 어묵볶음 / 새우마늘종볶음

## 어묵볶음
### 290kcal

**재료**
알어묵·············200g
파프리카···········1/2개
양파··············1/2개
고추기름············1큰술
*양념 소스 : 칠리 소스 1큰술, 케첩 1큰술, 다진 마늘 1/2작은술, 간장 1작은술, 물엿 1큰술, 통깨 1작은술

**만들기**
❶ 알어묵은 끓는 물(2컵)에 넣어 30초 정도 데친 다음 찬물에 헹궈 놓는다.
❷ 파프리카와 양파는 가로 세로 각 1.5cm 크기로 썰어 준비한다.
❸ 양념 재료를 골고루 섞어 양념장을 만들어 놓는다.
❹ 달군 팬에 고추기름(또는 식용유)를 두르고 파프리카와 양파를 넣어 센 불에서 양파가 투명해질 때까지 볶아 준다.
❺ ④에 어묵과 양념 소스를 넣고 소스가 골고루 배도록 볶아 준다.

## 새우마늘종볶음
### 207kcal

**재료**
마른 새우 ············50g
마늘종 ·············200g
*양념장 : 간장 3큰술, 물엿 1큰술, 다진 마늘 2작은술, 참기름 1큰술, 깨소금 약간

**만들기**
❶ 마른 새우는 물에 한 번 헹구어 준비한다. 물에 가볍게 헹구면 불순물이 제거되고 수분이 추가되면서 촉촉해져서 양념이 잘 밴다.
❷ 마늘종은 깨끗하게 썻어서 3cm 길이로 썬다.
❸ 양념 재료를 모두 섞어 양념장을 만들어 놓는다.
❹ 팬에 식용유를 두르고 마늘종이 반투명해질 때까지 볶는다. 마늘종은 간이 잘 배지 않으므로 양념장에 조리기 전에 소금을 약간 넣고 볶아 주면 맛이 좋다.
❺ 새우도 기름에 살짝 볶아 놓는다.
❻ 마늘종과 새우를 팬에 함께 모은 뒤 ③의 양념장을 넣고 조리듯이 볶는다.
❼ 종이컵 모양의 반찬용 도시락 용기를 도시락 통에 넣어 반찬이 섞이지 않도록 싼다.

> **사계절 인기 밑반찬 재료인 어묵에 칠리 소스를 넣어 매콤함을 더한 어묵조림**
> 마른 새우와 마늘종은 매우 잘 어울리는 재료다. 마늘종의 아삭한 질감과 마른 새우의 고소한 맛이 짭짜름한 밑반찬으로 좋다.
> 마른 새우는 칼슘이 풍부하므로 일상 생활에서 밑반찬으로 많이 이용하면 건강에 도움이 될 것이다.

497 kcal

20 분

# 꽈리고추쇠고기볶음 / 완자조림

## 꽈리고추쇠고기볶음
### 317kcal

**재료**
꽈리고추 · · · · · · · · · · 150g
쇠고기(사태) · · · · · · · · 100g
＊양념장 : 간장 2큰술, 설탕 1큰술, 물엿 1큰술

**만들기**
❶ 꽈리고추는 깨끗이 씻은 뒤 꼭지를 떼어 준비해 놓는다.
❷ 쇠고기는 결 반대 방향으로 적당히 잘라서 달군 팬에 식용유를 약간 두르고 볶는다.
❸ ②에 꽈리고추를 넣고 3분 정도 더 볶는다.
❹ 분량의 재료를 섞어 양념장을 준비한다.
❺ ③에 양념장을 넣고 간이 배도록 한 번 더 볶는다.
❻ 만든 음식을 도시락에 담는다.

## 완자조림
### 252kcal

**재료**
쇠고기(다진 것) · · · · · · · 150g
두부 · · · · · · · · · · 80g
다진 마늘 · · · · · · · · 1/2큰술
다진 파 · · · · · · · · 1/2큰술
다진 양파 · · · · · · · · 1큰술
참기름 · 소금 · 후추 · · · · 약간씩
＊양념장 : 고추장 1작은술, 케첩 1큰술, 다진 마늘 1작은술, 올리고당 1큰술, 물 1큰술

**만들기**
❶ 쇠고기는 핏물을 빼 놓는다.
❷ 두부는 물기를 짜서 으깨어 놓는다. 양파도 물기를 뺀다.
❸ 쇠고기에 ②를 넣고 나머지 양념도 함께 넣은 뒤 버무려서 치댄다.
❹ ③을 먹기 좋은 크기로 동그랗게 빚어 팬에 굴려 가며 익힌다.
❺ 분량의 재료를 한데 넣고 끓여서 양념장을 만든다.
❻ ⑤의 양념장에 완자를 넣고 5분 정도 조려 준다.

**매운맛이 적으면서도 고추로서의 효능은 다하는 녹색채소**
꽈리고추는 비타민C와 캡사이신 성분이 풍부하여 항산화 작용을 하는 데다 크기도 적당하고 질감도 좋아 도시락 반찬으로 자주 이용된다.
＊완자조림에 들어가는 쇠고기를 돼지고기 등심으로 대체해도 좋다.

569 kcal

30 분

# 깻잎전 / 땅콩조림

## 깻잎전
### 318kcal

**재료**

깻잎 · · · · · · · · · · · · · · · · · · · 1묶음
다진 쇠고기 · · · · · · · · · · · 50g
밀가루 · · · · · · · · · · · · · · · · 1큰술
계란 · · · · · · · · · · · · · · · · · · · 1개
올리브유 · · · · · · · · · · · · · 적당량
＊쇠고기 양념 : 다진 파 1작은술,
다진 마늘 1작은술, 간장 1/2작은
술, 참기름 · 소금 · 후춧가루 약간
씩

**만들기**

❶ 쇠고기를 양념에 재워 둔다.
❷ 깻잎 뒷면에 밀가루를 묻혀 털
어 낸 뒤 양념한 고기를 적당히 바
른 다음 반으로 접어 반달 모양으
로 만들어 놓는다.
❸ 반달 모양으로 만든 깻잎 앞뒤
에 밀가루를 살짝 묻히고 계란물을
씌운다.
❹ 달군 팬에 올리브유를 두르고
깻잎을 올려 중불에 노릇하게 지져
낸다.

Tip 고기 대신 새우살을 넣어도 맛
　　이 좋다.

## 땅콩조림
### 294kcal

**재료**

땅콩 · · · · · · · · · · · · · · · · · · · 1컵
마른 고추 · · · · · · · · · · · · · · · 1개
통마늘 · · · · · · · · · · · · · · · · · 2쪽
다시마물 · · · · · · · · · · · · · 2/3컵
맛술 · · · · · · · · · · · · · · · · · 1큰술
설탕 · · · · · · · · · · · · · · · · · 1큰술
간장 · · · · · · · · · · · · · · · · · 1큰술
물엿 · · · · · · · · · · · · · · · · · 1큰술
소금 · · · · · · · · · · · · · · · · · · · 약간

**만들기**

❶ 땅콩을 소금물에 담가 5분 정도
불린다.
❷ 통마늘은 슬라이스하고, 마른
고추는 어슷 잘라 준비한다.
❸ 냄비에 땅콩을 넣고, 통마늘 ·
다시마물 · 맛술 · 설탕 · 간장을
넣고 국물이 반 정도 줄어들 때까
지 충분히 조린다.
❹ 마른 고추와 물엿을 넣고 조림
장이 2큰술 정도 남을 때까지 조린
다.

---

**고소한 맛과 영양 효과를 동시에 누리는 도시락 반찬**

땅콩을 자주 먹으면 변비를 예방하는 효과를 볼 수 있고, 피부가 매끄러워진다. 땅콩을 비롯한 견과
류에는 항산화 작용을 하여 노화를 예방하는 비타민E가 풍부하지만 일부러 챙겨먹기가 쉽지 않다.
땅콩이나 호두, 아몬드 등의 견과류를 밑반찬으로 만들면 고소한 맛과 영양 효과를 함께 누릴 수 있
다. 참고로, 눅눅해지기 쉬운 땅콩은 밀폐하여 냉동 보관하는 것이 좋다.

612 kcal

30 분

# 도라지무침 / 부추버섯전

## 도라지무침
### 261kcal

**재료**

도라지 · · · · · · · · · · · · · · · · · 200g
오이 · · · · · · · · · · · · · · · · · · · · 1개
꽃소금 · · · · · · · · · · · · · · · · · 약간
＊양념장 : 고운 고춧가루 4큰술, 설탕 3큰술, 매실즙 1큰술, 식초 4큰술, 다진 파 1.5큰술, 다진 마늘 1작은술, 구운 소금 1큰술, 참기름 1큰술, 통깨 조금

**만들기**

❶ 도라지는 여러 갈래를 낸 뒤 꽃소금 3큰술을 뿌려 바락바락 주무른 뒤 물에 여러 번 씻어 쓴맛을 없앤 다음 물기를 빼 놓는다.
❷ 분량의 재료를 넣고 양념장을 만들어 놓는다.
❸ ①에 ②를 넣고 양념이 골고루 섞이도록 조물조물 무친다.

## 부추버섯전
### 445kcal

**재료**

부추 · · · · · · · · · · · · · · · · · 한 줌
느타리 · · · · · · · · · · · · · · · · 50g
밀가루 · · · · · · · · · · · · · · · · · 1컵
계란 · · · · · · · · · · · · · · · · · · · 1개
청양고추 · · · · · · · · · · · · · · · 1개
다진 파 · · · · · · · · · · · · · · · 1작은술
소금 · · · · · · · · · · · · · · · · 1/2작은술
참기름 · · · · · · · · · · · · · · · 1작은술
식용유 · · · · · · · · · · · · · · · · 적당량

**만들기**

❶ 부추는 깨끗이 씻어 손가락 마디 길이로 자른다.
❷ 느타리는 끓는 물에 살짝 데쳐서 손으로 찢어 놓는다.
❸ 버섯은 물기를 짜고 다진 파와 소금, 참기름을 넣어 버무려 놓는다.
❹ 밀가루에 계란을 넣고 부침 반죽을 만든다.
❺ ④에 부추와 느타리를 넣고 반죽한다.
❻ 기름을 두른 팬에 한 숟가락씩 떠서 부친다.

---

**우수한 약효를 지닌 반찬**

사포닌이 풍부한 함유한 도라지는 이뇨 · 해독 작용이 뛰어나며, 삽싸름한 맛이 입맛을 살려 준다. 부추는 피를 맑게 하는 데 도움을 주고 허약 체질을 개선하는 효과가 있다.

706 kcal

40 분

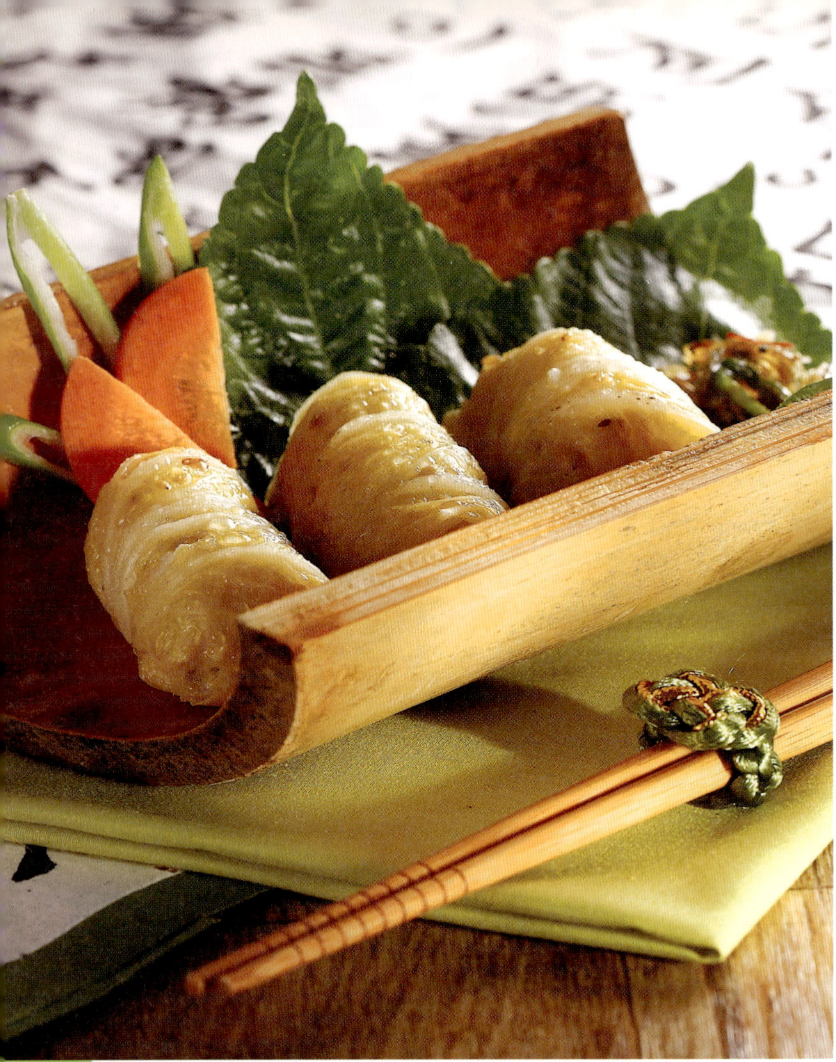

도시락 반찬이 고민될 때 간편하게 만드는 별미 쌈밥

면역력 증강 효과가 알려진 김치는 한국 사람에게는 꼭 필요한 반찬이다. 묵은 김치를 밥에 싸서 도시락으로 만들었다. 신 김치와 찬밥을 이용하여 간편하면서도 입맛이 살아난다.

* 생선회를 싫어하는 사람은 회와 함께 묵은 김치를 싸서 먹으면 비린 맛도 없고 씹을 때 아삭함이 있어 맛있게 먹을 수 있다.

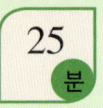

410 kcal

25 분



# 김치말이쌈밥

**재료**

쌀 ··········· 1컵
신 김치(썰지 않은 배추김치) ··· 6장
양파 ··········· 1/2개
잔멸치 ··········· 1/2컵
참기름 ··········· 1큰술
통깨 ··········· 1큰술
식용유 ··········· 1작은술
* **양념** : 간장 1큰술, 설탕 1/2큰술

**만들기**

1. 쌀을 물에 불려 고슬고슬하게 짓는다.
2. 신 김치는 물에 살짝 씻어 참기름과 통깨를 넣고 버무려 준비한다.
3. 양파는 잘게 다져 놓는다.
4. 달군 팬에 식용유를 두르고 잔멸치를 볶다가 간장 1큰술, 설탕 1/2큰술을 넣는다.
5. 밥과 다진 양파를 넣고 양념이 고루 배도록 볶은 뒤 식혀 놓는다.
6. 김치 위에 볶아서 식힌 밥을 한 입 크기로 넣고 동그랗게 말아 주면 완성된다.

# 깻잎말이쌈밥

## 재료

깻잎 ···················· 1묶음
찬밥 ···················· 1공기
*양념장 : 간장 1.5큰술, 고춧가루 2작은술, 다진 파 1/2큰술, 다진 마늘 1/2작은술, 통깨 · 참기름 약간씩

## 만들기

1. 깻잎은 물에 씻어서 김이 충분히 올라오는 찜통에서 5분 정도 살짝 쪄 낸다.
2. 분량의 재료를 넣고 양념장을 만든다.
3. 찬밥에 준비해 둔 양념장을 넣고 고루 비벼 준다.
4. ③의 밥을 한입 크기로 뭉친 뒤 찐 깻잎으로 잘 감싼다.
5. 도시락에 모양이 흐트러지지 않게 조심히 담는다.

383 kcal

10 분

**무기질과 탄수화물이 풍부한 신선 도시락**

깻잎 30g을 섭취하면 하루에 필요한 철분 섭취량이 충족된다.
스트레스를 많이 받는 직장인들에게 면역 기능을 강화해 주는 효과가 있다.

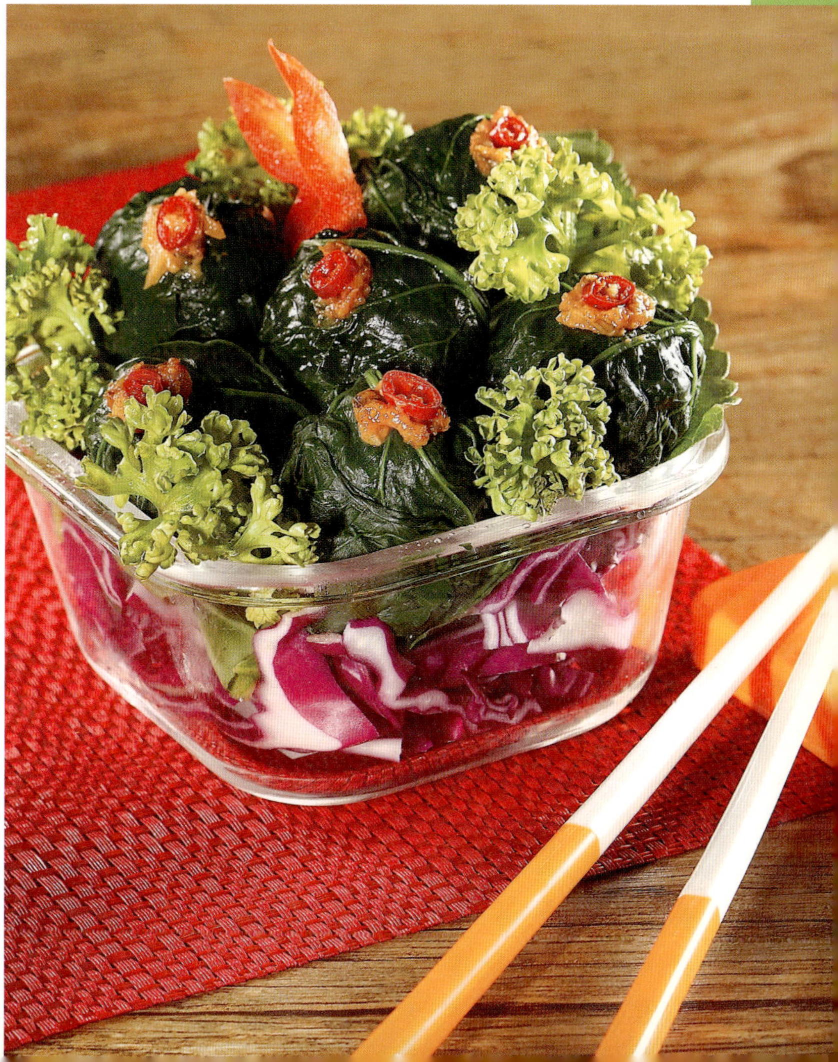

**고소한 땅콩 소스가 잘 어울리는 밥채소롤**

월남쌈에 주로 먹는 라이스 페이퍼를 활용해 시락을 만들어 보자.
채소도 골고루 먹을 수 있으며 모양 또한 예쁘고 간편하다.
후식으로 시원한 냉녹차를 곁들이면 시원하고 멋스러운 점심시간을 누릴 수 있다.

＊땅콩은 적은 양으로도 큰 에너지를 낸다. 고소한 땅콩 소스가 입맛을 살려 준다.

**840 kcal**

**25 분**

# 찬밥채소롤

### 재료

라이스 페이퍼 · · · · · · · · · · ·10장
깻잎 · · · · · · · · · · · · · · · · · · 10장
찬밥 · · · · · · · · · · · · · · · · · · 1공기
파프리카 · · · · · · · · · · · · · · 1/2개
양파 · · · · · · · · · · · · · · · · · · 1/3개
당근 · · · · · · · · · · · · · · · · · · 1/2개
맛살 · · · · · · · · · · · · · · · · · · · ·3개
케첩 · · · · · · · · · · · · · · · · · 2큰술
설탕 · · · · · · · · · · · · · · · 1/2작은술
소금 · · · · · · · · · · · · · · · · · · ·약간
＊땅콩 소스 : 땅콩잼 2큰술, 머스터드 1큰술, 레몬즙 1큰술

### 만들기

❶ 파프리카, 양파, 당근, 맛살은 0.5cm로 잘게 다져 준비한다.

❷ 찬밥 1공기에 다진 채소를 넣고 케첩 2큰술, 설탕을 1작은술, 소금을 넣고 잘 비벼 준다.

❸ 라이스 페이퍼를 미지근한 물에 10초 정도 잠깐 담갔다가 꺼내 그 위에 깻잎을 깔고 준비된 밥을 넣고 돌돌 말아 준다.

❸ 분량의 재료를 고루 섞어 땅콩 소스를 만들어 놓는다.

❹ ③을 땅콩 소스에 찍어 먹는다.

❺ 소스는 작은 통에 따로 담는다. (피자 주문에 딸려 오는 피클 통을 모았다가 활용해도 좋다.)

# 베이컨말이주먹밥

**재료**

찬밥 ···················· 1공기
(양념 : 참기름 1큰술, 소금 1작은술)
베이컨 ···················· 8장
깻잎 ···················· 5장
양파 ···················· 1/4개
김치 ···················· 1/6포기

**만들기**

1. 깻잎, 양파, 김치 모두 잘게 다진다.
2. 기름을 두르지 않은 팬에 양파와 김치를 살짝 볶는다.
3. 밥 1공기에 참기름과 소금으로 간을 한 다음 깻잎, 볶은 김치, 양파를 넣고 버무린 뒤 주먹밥을 만든다.
4. 주먹밥에 베이컨을 두르고 위아래를 꾹꾹 눌러 정리한다.
5. 후식으로 오렌지 주스를 병에 담았다.

Tip 종이 도시락에 기름종이를 깔고 보기 좋게 담아 보자.

636 kcal

15 분

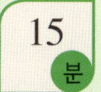

맛은 물론 모양과 색깔이 고와서 더욱 먹음직스러운 도시락

파티 음식에 핑거 푸드로 많이 이용하는 베이컨으로 밥을 말아 모양이 아름다운 베이컨말이주먹밥을 만들었다.

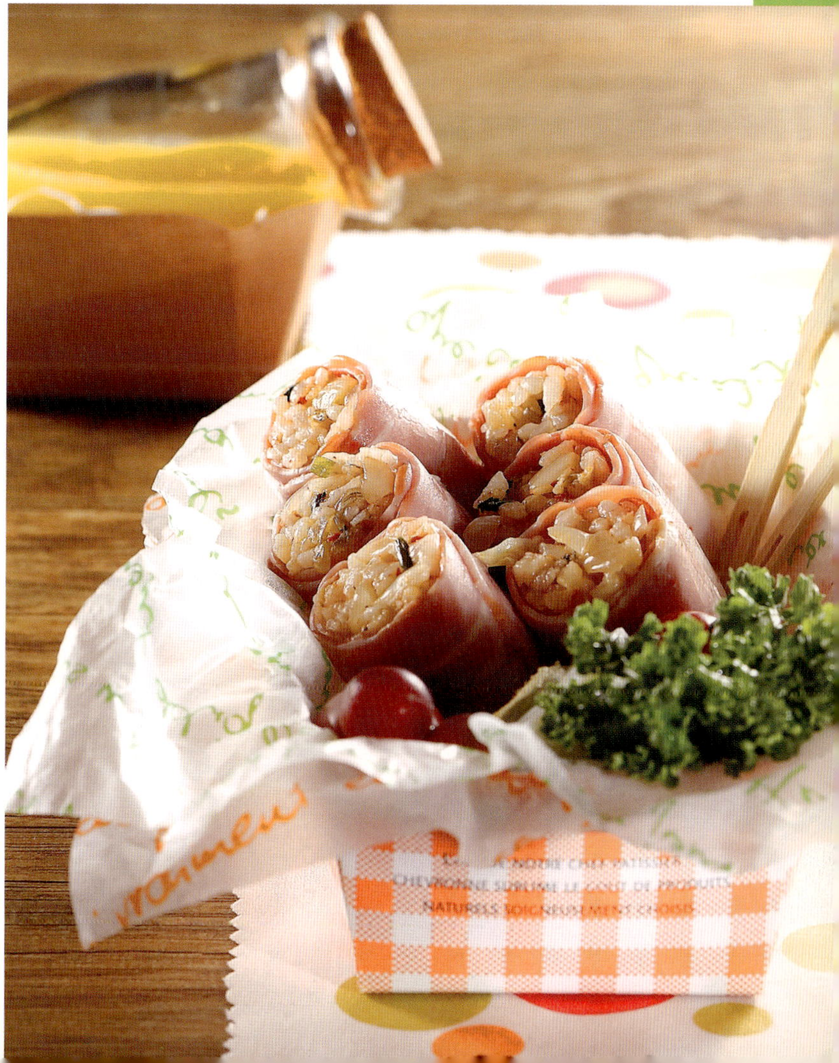

# 양파고추볶음 / 깻잎찜

## 양파고추볶음
### 182kcal

**재료**
양파 · · · · · · · · · · · · · · · · · · 1개
고추 · · · · · · · · · · · · · · · · · · 5개
＊양념장 : 고추기름 1큰술, 간장·
설탕 1큰술씩, 다진 마늘·다진 파 1
작은술씩, 참기름 · 후추 약간씩

**만들기**
❶ 양파와 고추는 먹기 좋은 크기
로 썰어 준비한다.
❷ 분량의 재료를 섞어 양념장을
만들어 놓는다.
❸ 고추기름을 두르고 양파와 고추
를 넣고 양파가 반투명해질 때까지
볶아 준다.
❹ ③에 ②의 양념장을 넣고 한 번
더 볶으면 완성된다.

Tip 점심식사를 한 뒤 입에서 양파
냄새가 난다면 녹차나 토마토
주스를 한 잔 마시면 해결된
다. 녹차나 토마토는 식후 구
취 예방 효과가 있다.

## 가지찜
### 102kcal

**재료**
가지 · · · · · · · · · · · · · · · · · · 1개
＊간장 양념 : 진간장 3큰술, 고춧
가루 1큰술, 다진 마늘 1큰술, 다진
파 1큰술, 깨 1큰술

**만들기**
❶ 가지를 깨끗이 씻어 물기를 빼
놓는다.
❷ 가지를 적당한 크기로 자른다.
❸ 분량의 양념장 재료를 넣고 간
장 양념장을 만든다.
❹ 가지에 양념장을 넣고 김이 오
른 찜통에서 10분 정도 쪄 준다.

### 피로 회복 효과가 있는 스태미나 도시락
지방 함량이 적고 단백질이 많아 다이어트에 좋은 양파고추볶음은 업무에 지친 직장인에게 피로 회
복제 역할을 해 줄 수 있다. 영양을 골고루 섭취하여 나른함을 해소해 보자.
＊양파는 백색 채소지만 다른 채소와는 다른 맛과 향미를 가지고 있다. 맛이 독특하고 강장 효과가
뛰어난 양파는 샐러드에 넣으면 스태미나 식품이 된다.

**284** kcal

**25** 분

# 후리카케주먹밥 / 닭가슴살탕수육

## 후리카케주먹밥
### 450kcal

**재료**

찬밥······················1공기
후리카케················3큰술
소금·····················1작은술
참치·····················1캔
마요네즈················2큰술

**만들기**

❶ 찬밥에 후리카케와 소금을 넣고 잘 버무린다.

❷ 기름을 뺀 참치에 마요네즈를 넣고 잘 버무려 속을 준비한다.

❸ 준비된 밥 속에 ②를 넣고 한입 크기로 주먹밥을 만든다.

## 닭가슴살탕수육
### 660kcal

**재료**

닭가슴살··················2개
(튀김옷 : 녹말가루 2컵, 계란 1개, 소금·후춧가루 약간씩)
양파·······················1/2개
적채·······················1.5개
파프리카··················1개
당근·······················1/4개
호박·······················/2개
파인애플 통조림··········1/3캔
설탕·식초··················5큰술씩
간장·······················1/2큰술
소금·······················1/3큰술
녹말물····················1큰술
(물과 녹말가루 비율을 1 : 1로 맞춘다.)

**만들기**

❶ 닭가슴살은 한입 크기로 자른 뒤 소금·후춧가루를 뿌려 밑간해 놓는다.

❷ 채소는 깨끗이 씻어 물기를 털고 한입 크기로 썬다.

❸ 밑간을 한 닭가슴살에 녹말가루 → 계란물 → 녹말물순으로 옷을 입혀 식용유에 처음에는 중불에서 반만 익히고 다음에는 센 불에서 두 번 튀긴다.

❹ 달군 팬에 올리브유를 살짝 두르고 손질한 채소를 넣고 소금을 약간 넣은 뒤 센 불에 재빨리 볶아 준 뒤 뜨거운 물 2컵과 파인애플 국물 1컵을 붓고 끓인다.

❺ ④에 설탕·식초·간장·소금을 약간 넣어 한소끔 끓인 뒤 녹말물로 농도를 맞춘다.

❻ ③의 튀긴 고기에 소스를 버무려 준다.

---

### 스트레스를 풀어 주는 단백질과 비타민이 풍부한 도시락

파인애플의 상큼한 소스가 들어간 닭가슴살탕수육이 점심시간을 즐겁게 해 준다. 고단백·저지방·저칼로리의 닭가슴살은 근육을 만들어 주는, 다이어트에 탁월한 효과가 있는 식품이다. 닭가슴살을 탕수육으로 만들어 주먹밥과 함께 먹어 보자.

＊스트레스를 받으면 단백질과 비타민C의 소모가 많아지므로 업무로 인한 스트레스에는 단백질과 비타민C 섭취가 매우 중요하다. 단백질이 풍부한 닭가슴살과 소화를 촉진하는 파인애플을 같이 먹으면 지친 체력을 회복하는 데 효과적이다.

＊파인애플은 어떤 육류와도 잘 어울리는 과일이다.

1,110 kcal

45 분

# 삼색밥 / 오징어말이 / 과일샐러드

## 삼색밥
### 484kcal

**재료**

흰쌀·······3컵
흑미·······2큰술
카레 가루·······2큰술
계란·······1개
소금·······1/2작은술

**만들기**

❶ 흰쌀 1컵은 물을 적당량 맞춰 흰밥을 짓는다.
❷ 흰쌀 1컵과 흑미 2큰술을 섞어 물을 적당량 맞추어 검은밥을 짓는다.
❸ 흰쌀 1컵에 카레 가루 2큰술을 물 1컵 반에 개어 노란밥을 짓는다.
❹ 계란에 소금 1/2작은술을 넣고 잘 풀어 카레밥에 말아 센 불에 볶아 준다.

## 오징어말이
### 274kcal

**재료**

오징어 몸통·······1마리분
붉은 파프리카·······1/4개
노란 파프리카·······1/4개
오이·······1/2개
밀가루·······약간
＊초고추장 양념 : 고추장 1큰술, 식초 1큰술, 설탕 1/2큰술, 참기름 1/2작은술, 다진 마늘·통깨 1작은술씩

**만들기**

❶ 오징어는 몸통을 손질하여 굵은 소금으로 문질러 껍질을 벗겨 준다.
❷ 세로(몸통 길이 방향)로 반 가른 뒤, 몸통의 가로로 잘게 칼집을 넣는다.
❸ 끓는 물에 칼집 넣은 오징어를 넣고 살짝 데친다.
❹ 파프리카와 오이는 굵게 채 썬다.
❺ 데친 오징어의 칼집 내지 않은 쪽에 밀가루를 살살 뿌려 준 뒤 채소를 넣어 돌돌 말아 2cm 정도로 썬다.
❻ 분량의 재료를 섞어 초고추장을 만든다.

## 과일샐러드
### 314kcal

**재료**

사과·······1/4개
오렌지·······1/3개
적채·······약간
천도복숭아·······1/4개
오이·······1/4개
플레인 요거트·······2큰술
마요네즈·······1큰술
설탕·······1작은술

**만들기**

❶ 사과, 오렌지, 적채, 천도복숭아, 오이는 모두 한입 크기로 썰어 둔다.
❷ 준비한 과일에 마요네즈와 플레인 요거트, 설탕을 넣어 버무린다.
❸ 도시락 통에 섞이지 않게 잘 담는다.

---

**컬러 푸드 도시락**

입맛을 돋워 주는 오징어말이와 제철 과일을 이용한 과일샐러드는 모양도 예쁘고 궁합도 잘 맞는다. 좀더 신경을 쓴 삼색밥까지 오늘 점심 도시락은 완벽한 컬러 푸드!!!
＊고속터미널 꽃시장이나 남대문시장 등에서 쉽게 구입할 수 있는 컬러 냅킨을 한 장 넣어 분위기 있는 점심시간을 연출해 보자.

1,072 kcal

55 분

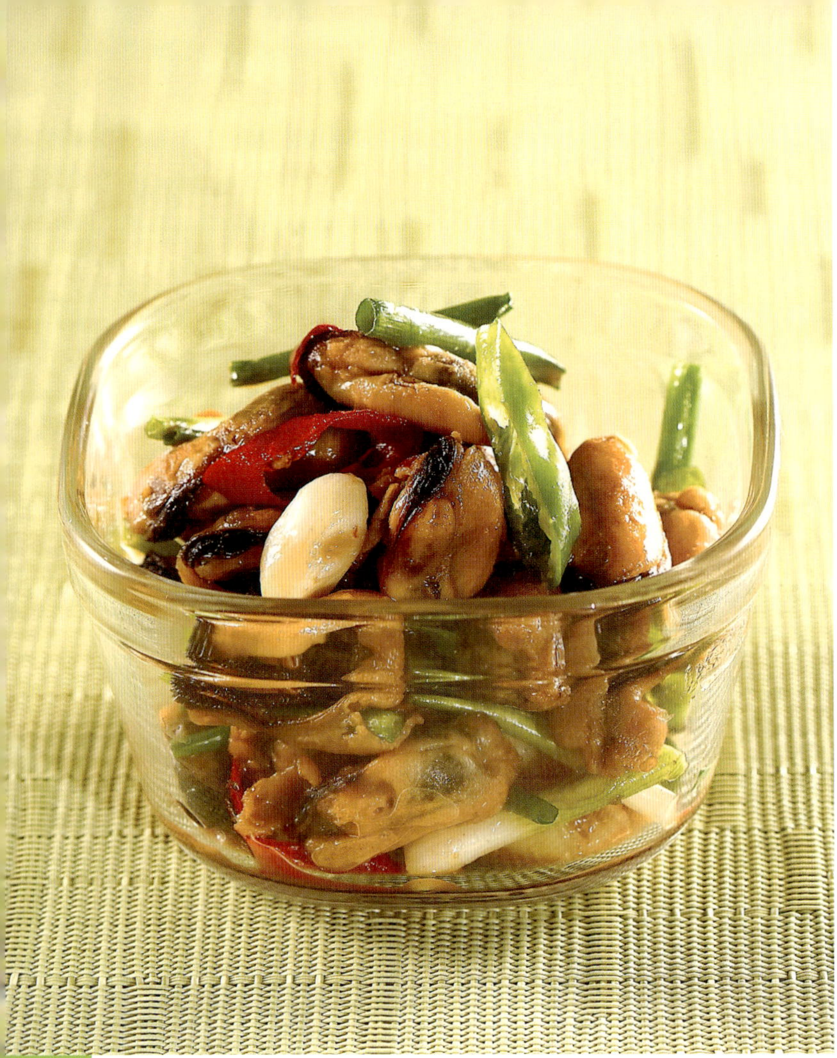

골다공증을 예방하여 여성에게 좋은 홍합

홍합에는 단백질, 비타민A · B · $B_2$, 칼슘 · 인 · 철분 등의 무기질이 풍부하다. 말린 홍합이 젖은 홍합보다 영양가가 더 높다. 일반적으로 바다에서 나는 것이 다 짠데 이것만은 맛이 싱겁기 때문에 '담채'라고도 부른다.

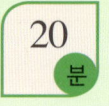

168 kcal

20 분



# 홍합조림

재료

마른 홍합 ················ 100g
마늘 ····················· 5쪽
마른 고추 ················· 2개
올리브유 ················· 1큰술
물엿 ····················· 1큰술
레몬즙 ··················· 2작은술
참기름 · 통깨 ············ 약간씩

*홍합 불릴 물 : 청주 1큰술, 물 1컵

*조림장 : 진간장 2큰술, 물 2큰술, 후춧가루 약간

만들기

❶ 말린 홍합은 물에 헹구어 낸 뒤 잡냄새를 없애기 위해 물과 청주를 섞은 물에 담가 30분 가량 불린다.

❷ 분량의 재료를 섞어 조림장을 만들어 둔다.

❸ 통마늘은 슬라이스하고, 마른 고추는 어슷하게 잘라서 씨를 털어 낸다.

❹ 달군 팬에 올리브유를 두르고 ①과 ③을 넣고, 조림장이 2큰술 정도 남을 때까지 약불로 충분히 조린다.

❺ 물엿 1큰술을 넣고 잘 저은 뒤 레몬즙을 뿌려 한소끔 더 조린다.

❻ 참기름과 통깨를 넣어 마무리한다.

# PART 2

# 나들이가 즐거워지는 도시락

화창한 주말, 갑작스러운 나들이를 하게 되었다. 모처럼 온 가족이 함께 하는 즐거운 외출, 도시락을 마련하여 즐거움을 더

하고 싶은데 재료를 사러 나갈 시간이 부족하다.

이렇듯 갑작스런 계획으로 마음이 바빠질 때는 전전긍긍하지 말고 냉장고를 열어 보자. 냉장고에 있는 재료만으로도 쉽게

만들 수 있고, 맛이 있으며, 먹기에도 깔끔한 도시락을 쌀 수 있다. 급하게 떠나는 나들이지만 따뜻한 도시락 덕분에 즐겁기

만 하다.

# 사과맛탕 / 모듬꼬치

## 사과맛탕

### 205kcal

**재료**

사과·······················1개
설탕 시럽 ···············1/2컵
(물과 설탕을 1 : 1 비율로 맞춘다.)
계피 가루 ················약간

**만들기**

❶ 사과를 이용하여 먹기 좋은 크기로 자른다.
❷ 설탕 시럽을 물 1컵, 설탕 1컵을 넣고 젓지 말고 반으로 될 때까지 조린다. (설탕 시럽을 만들 때 저으면 빨리 굳어져 버린다.)
❸ ②의 시럽에 사과를 넣고 윤기가 날 때까지 조린다.
❹ 완성된 사과맛탕을 식힌 뒤 도시락에 담는다.

## 모듬꼬치

### 286kcal

**재료**

브로콜리 ···············1/2개
양송이 ···················4개
파프리카 ···············1/2개
쇠고기 안심 ·············60g
감자·······················2개
데리야키 소스··········적당량

**만들기**

❶ 쇠고기는 8cm 크기로 자른 뒤 데리야키 소스를 발라 준다.
❷ 브로콜리, 양송이, 파프리카, 감자는 먹기 좋은 크기로 자른다.
❸ 준비한 꽂이에 ①과 ②를 하나씩 번갈아 가며 끼운 뒤에 180℃ 예열된 오븐에 10분간 구워 준다.

---

비타민, 단백질, 무기질이 풍부한 나들이 도시락

우리에게 가장 친근한 과일 사과는 청정 효과가 매우 뛰어난 과일로 '과일의 여왕'으로 불린다. 사과와 함께 냉장고 속 채소와 고기를 활용한 꼬치로 근사한 도시락을 만들었다. 사과를 맛탕으로 만들면 상큼하고 달콤한 맛이 더욱 이색적이다.

＊업무로 인해 늘 피로한 남편과 공부에 지친 아이에게 사과 맛탕을 만들어 주면 사과의 풍부한 유기산이 피로 회복을 도와준다.

**491** kcal

**30** 분

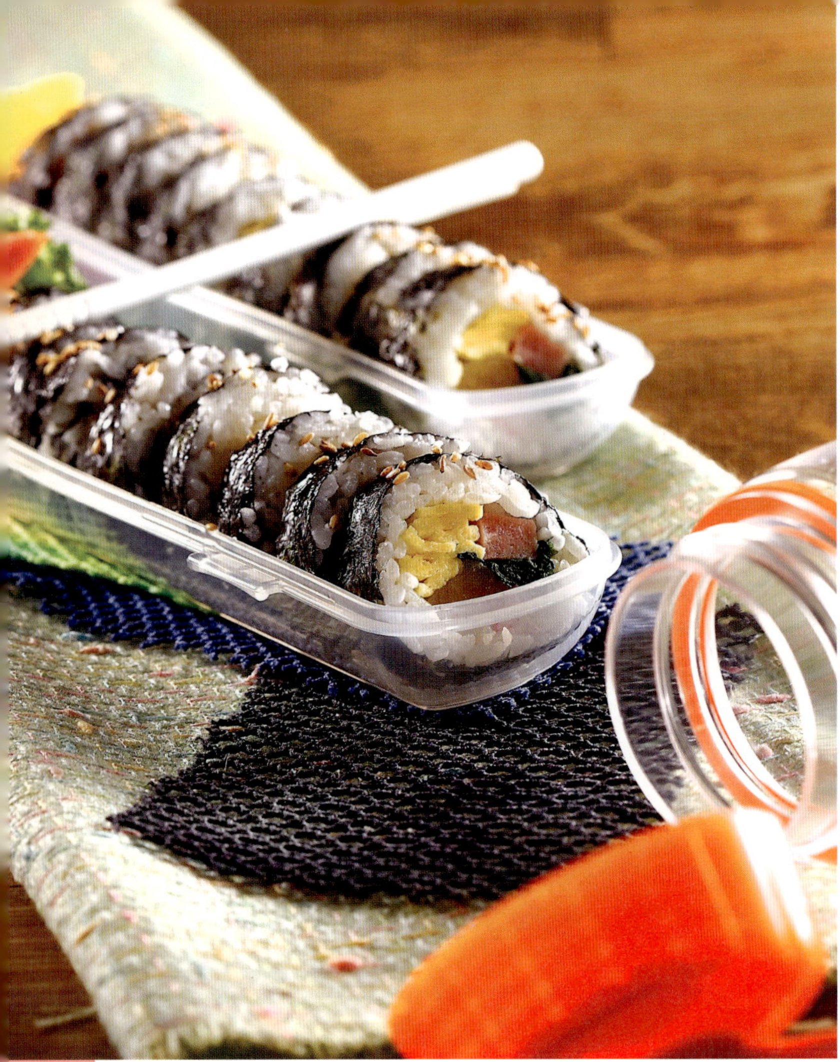

밑반찬을 이용하여 김밥 만들기
흔히 쓰는 단무지 대신 집에서 담근 무장아찌를 넣어 김밥을 만들면 개운한 맛이 난다. 김과 계란의 비린내가 고소하게 바뀐다.

306 kcal

30 분



# 무장아찌김밥

## 재료

쌀 ······ 1컵
무장아찌 ······ 150g
햄 ······ 150g
계란 ······ 2개
시금치 ······ 1/3단
소금 ······ 약간
*배합초 : 식초 2큰술, 설탕 1큰술, 소금 1큰술

## 만들기

1. 쌀을 씻은 뒤 약간 불려서 물을 조금만 부어 밥을 고슬고슬하게 짓는다.
2. 분량의 재료를 섞어 미리 배합초를 만들어 놓았다가 밥이 뜨거울 때 배합초를 넣고 부채질을 하며 섞는다.
3. 장아찌와 햄은 길이대로 길게 썬다.
4. 계란은 지단을 만든다.
5. 시금치는 끓는 물에 살짝 데쳐 소금을 넣고 무친다.
6. 김 위에 밥을 얇게 펴고 속재료를 넣고 돌돌 만다.
7. ⑥을 한입 크기로 자른 뒤 도시락에 담는다.

# 참치전버거

## 재료

모닝빵·······················3개
슬라이스햄·체다 치즈·····3장씩
계란·························1개
참치(캔)··················120g
양파····················1/3개
피클·····················50g
토마토·······················1개
양상추······················3장
케첩······················2큰술

## 만들기

① 모닝빵을 반 가른다.
② 빵 안쪽에 버터를 살짝 발라 놓는다.
③ 계란은 잘 풀어 놓는다.
④ 참치는 물기를 꼭 짜 놓고, 양파는 다져서 물기를 빼 놓는다.
⑤ 참치와 양파를 풀어 놓은 계란에 넣고 버무린다.
⑦ 팬에 한 숟가락씩 떠서 동그란 모양이 되도록 부쳐 준다.
⑧ 모닝빵 사이에 참치와 나머지 재료들을 켜켜이 넣고 케첩도 한켜 뿌려서 햄버거를 만든다.
⑨ 하나씩 포장하여 간편하게 들고 나갈 수 있게 만든다.

**313** kcal   **25** 분

패스트푸드에 길들여진 아이들의 입맛을 고려한 햄버거 도시락
도시락 반찬으로 자주 만드는 참치전을 모닝빵에 넣어 아이들이 좋아하는 햄버거로 만든다.
고기 대신 참치와 양파를 넣어 전으로 만들어 반찬으로 먹어도 좋고, 모닝빵에 채소와 함께 넣어 햄버거를 만들어도 좋다. 간단하게 포장하여 이웃에게 선물해도 제격이다.

# 엄마손김밥 / 호밀빵샌드위치

## 엄마손김밥

### 484kcal

**재료**

밥·······················1공기
(양념 : 참기름 · 소금 약간 )
단무지···················150g
햄······················150g
계란·····················2개
당근·····················150g
우엉·····················150g
시금치···················1/3단
(양념 : 참기름 · 소금 약간 )

**만들기**

❶ 밥에 참기름과 소금으로 양념을 한다.
❷ 단무지와 햄은 길이로 가른 뒤 길쭉하게 썬다.
❸ 당근은 채 썬다.
❹ 우엉은 채 썬 뒤 식초에 담가 특유의 냄새를 제거한 뒤 볶는다.
❺ 시금치는 데쳐서 물기를 꼭 짜 소금과 참기름으로 간한다.
❻ 햄과 당근은 팬에 기름을 두르고 살짝 볶아 준다.
❼ 김의 거친 면 위에 밥을 얇게 편 뒤, 그 가운데에 준비한 속재료를 넣고 돌돌 말아 준다.

## 호밀빵 샌드위치

### 468kcal

**재료**

호밀식빵··················2장
모짜렐라 치즈··············1장
토마토···················1개
파프리카··················1개
양상추···················2장
오이피클··················약간
슬라이스 햄···············1장
허니머스터드 소스··········적당량

**만들기**

❶ 호밀식빵은 팬에 노릇하게 구워 준다.
❷ 토마토는 슬라이스한다.
❸ 파프리카도 모양대로 슬라이스한다.
❹ 양상추는 적당한 크기로 찢어 놓는다.
❺ 구운 식빵에 치즈, 토마토, 파프리카, 양상추, 피클, 햄, 머스터드 소스를 넣고 맞물린 뒤 눌러 준다.
❻ 4등분하여 삼각형 모양으로 자른다.

**Tip** 밀가루보다 거친 호밀 입자에는 섬유질이 풍부하여 아이들 건강에도 좋다. 그러나 물을 먹지 않고 섬유소만 섭취하면 장에서 트러블을 일으킬 수 있으니 물이나 주스를 꼭 곁들이도록 한다.

---

**엄마의 정성이 담긴 나들이 전용 영양 도시락**

김밥과 샌드위치, 과일을 함께 엄마의 정성을 담아 보자. 신나는 나들이에 영양 만점 도시락까지 즐거운 점심시간!! 밖에서 먹는 도시락은 더욱 맛이 있다. 도시락을 싸서 아이들과 함께 가까운 놀이터에라도 나가 눈부신 햇살을 즐겨 보자.

＊몸의 기능을 좋게 해 주는 비타민의 하루 섭취 권장량은 성인 남성 90mg, 성인 여성 75mg이다. 비타민이 풍부한 최고의 건강식품 토마토는 보통 크기 2개면 하루 필요량을 섭취할 수 있다. 방울토마토의 경우 30개 정도 섭취하는 게 좋다.

952 **kcal**

45 **분**

바게트 속을 꽉 채워 만든 피크닉 샌드위치
오징어먹물바게트는 건강에 좋은 블랙 푸드 (black food)!! 오징어의 먹물은 암 예방에 효과적이며, 풍부한 타우린이 콜레스테롤을 낮추는 효과가 있다.

＊활동에 필요한 에너지를 채워 주고, 소화 흡수를 도와주는 탄수화물이 듬뿍 든 바게트빵과 단백질의 보고 닭가슴살이 만나 균형 있는 영양을 공급해 준다.

 388 kcal

 25 분

# 먹물바게트샌드위치 2종  닭가슴살샌드위치 / 살라미치즈샌드위치

## 재료

먹물바게트 · · · · · · · · · · · · · 1개
닭가슴살 · · · · · · · · · · · · · · 1쪽
양상추 · · · · · · · · · · · · · · · 3장
토마토 · · · · · · · · · · · · · · · 1개
체다 치즈 · · · · · · · · · · · · · 2장
살라미 · · · · · · · · · · · · · · · 60g
오이피클 · · · · · · · · · · · · · · 60g
양파 · · · · · · · · · · · · · · · · 1/2개
후춧가루 · 소금 · · · · · · · 약간씩
＊샤워크림 소스 : 샤워크림 2큰술, 요구르트 1개, 꿀 1큰술

## 만들기

❶ 먹물바게트는 반으로 갈라 속을 파낸다.

❷ 닭가슴살은 소금과 후춧가루를 뿌려 170℃ 오븐에서 15분간 구워 준다.

❸ 토마토와 체다 치즈는 잘게 썬다.

❹ 양파, 오이피클은 작게 깍뚝 썰기를 한다.

❺ 속을 파낸 바게트 안쪽에 샤워크림 소스를 바른 뒤 닭가슴살과 나머지 재료를 넣는다.

❻ 다른쪽 바게트 안쪽에 샤워크림 소스를 바른 뒤 살라미와 나머지 재료들을 채워 넣는다.

❼ 냅킨으로 한 번 싼 뒤 시원한 아이스커피와 함께 피크닉 바구니에 담아 보자.

# 그릴샌드위치

## 재료

식빵······2장
햄(또는 베이컨)······2장
토마토······1/2개
양상추······2장
오이피클(슬라이스한 것)·····3개
버터·양겨자······적당량
칠리 소스(또는 케첩)······약간
＊**타르타르 소스** : 삶은 계란(다진 것) 1개, 마요네즈 2큰술, 다진 양파 2큰술, 다진 피클 1큰술, 소금·후춧가루 약간씩

## 만들기

❶ 계란은 완숙으로 삶아 굵게 다져 타르타르 소스 만들 준비를 한다.

❷ 식빵은 150℃로 예열된 오븐에 1분 정도 굽는다.

❸ ①에 분량의 재료를 섞어 타르타르 소스를 만들어 놓는다.

❺ 베이컨이나 햄은 팬에 구운 뒤 키친타월에 올려놓고 기름기를 제거한다.

❻ 토마토는 얇게 슬라이스하여 키친타월에 올려 수분을 제거한다.

❼ 식빵에 버터를 얇게 펴 바른다.

❽ 식빵에 속을 채운 뒤 꽂이로 움직이지 않게 고정해 준 뒤, 먹기 좋게 썰어 바구니에 담는다.

332 kcal　15 분

그릴이나 오븐에 구워 바삭한 그릴 샌드위치 기억력과 집중력을 향상시키는 단백질과, 무기질·지방·칼슘·철분이 풍부한 계란이 들어간 샌드위치는 곡류를 주식으로 하는 우리 식단에 부족하기 쉬운 메티오닌 성분을 함유하고 있어 지방간을 예방하고 혈압 강하에 좋다. 계란에 유일하게 없는 비타민C(시금치, 브로콜리 등)나 식물성 섬유(버섯 등)가 많은 식품 함께 먹으면 좋다.

# 잡곡샌드위치

## 재료

닭가슴살(또는 안심) ········1쪽
베이컨 ················2개
치즈 ·················1장
토마토·양파 ·········약간씩
녹황색채소(상추 등) ·····약간
잡곡바게트 ·············1개
✽사우전아일랜드 소스 : 다진 양
파 0.5큰술, 다진 오이피클 1큰술,
다진 삶은 계란 1개, 소금·후춧가
루 약간씩, 마요네즈 2큰술, 케첩 1
큰술, 레몬즙 0.5~1큰술

## 사우전 아일랜드 소스 만들기

❶ 다진 양파, 다진 오이피클, 삶은
계란 1개(흰자만 다져서 쓴다)를 준
비한다.
❷ 준비한 재료에 소금과 후춧가루
를 조금 넣는다.
❸ 마요네즈 2큰술과 케첩 1큰술
을 넣어 섞는다.
❹ 마지막으로 레몬즙을 넣어 잘
섞는다.

## 만들기

❶ 분량의 소스에 닭가슴살이나 닭
안심을 소금과 후춧가루로 간하여
재워 둔다.
❷ 베이컨은 바싹 구워서 준비한
다.
❸ 바게트빵은 150℃로 예열된 오
븐에 1분 정도 굽는다.
❹ 재워 둔 닭고기를 오븐에 살짝
굽는다.
❺ 빵에 사우전아일랜드 소스를 바
르고 채소를 얹고, 양파 → 토마토
순으로 쌓은 뒤 닭고기와 치즈를
올린다.
❻ 다른 면에도 사우전아일랜드 소
스를 바르고 그 위에 얹어 준다.
❼ 나머지 빵 한 쪽을 얹고 먹기 좋
게 잘라 준다.

TIP 잡곡샌드위치와 어울리는 음
　　료는 아이스 홍차이다.

---

**웰빙먹거리로 거듭나는 잡곡샌드위치**
잡곡빵의 효모에는 비타민B·필수 아미노산·무기질·식이섬유가 풍부하여 변비와 비만 예방에
도움을 주며, 닭가슴살은 대표적인 고단백 저열량 식품으로 다이어트에도 좋고 맛도 좋다.
책 한 권과 잡곡샌드위치, 홍차 한 잔을 들고 야외로 나가 보자. 맑은 하늘을 보며 여유로움을 만끽해
보자.

**299** kcal

**15** 분

일요일 늦은 아침, 야외에서의 식사

메뉴는 김밥과 토스트. 찬밥을 이용하여 누드 김밥과 간단한 토스트를 만들었다. 상쾌한 야외 식사를 즐겨 보자.

＊식빵 1인 1회 섭취 분량은 55g, 탄수화물은 28.1g이며 156kcal이다.

＊김밥 1인 1회 섭취 분량은 250ml, 탄수화물은 57.4g이며 306kcal이다.

**986** kcal  **35** 분

# 샐러드누드김밥 / 크림치즈식빵

## 샐러드누드김밥

### 484kcal

**재료**

| | |
|---|---|
| 양배추 | 1/8개 |
| 사과 | 1/2개 |
| 마요네즈 | 1큰술 |
| 김밥용 햄 · 단무지 | 2줄 |
| 김밥용 김 | 2장 |
| 찬밥 | 1공기 |

**만들기**

❶ 양배추와 사과를 깨끗이 씻은 뒤 채 썰어 마요네즈에 버무린다.

❷ 햄은 기름을 두른 팬에 살짝 볶는다.

❸ 밥은 참기름과 소금으로 양념한다.

❹ 김발을 랩으로 감싼 뒤 김을 깔고 밥을 넓게 편 뒤 뒤집어서 김 위에 속재료를 올리고 돌돌 만다.

❺ 밥이 겉에 보이게 만들어 먹기 좋게 자른다.

## 크림치즈식빵

### 502kcal

**재료**

| | |
|---|---|
| 식빵 | 3개 |
| 크림치즈 | 1통 |
| 과일(또는 채소) | 약간 |

**만들기**

❶ 토스트에 식빵을 굽는다.

❷ 구워진 식빵에 크림치즈를 바른 뒤 준비된 과일이나 채소를 넣어 먹는다.

# 크루아상샌드위치

**재료**

크루아상 · · · · · · · · · · · · · 3개
슬라이스 치즈 · · · · · · · · · · 1장
슬라이스 햄 · · · · · · · · · · · 1장
베이컨 · · · · · · · · · · · · · · 2장
양상추 · · · · · · · · · · · · · · 3장
피클 · · · · · · · · · · · · · · · 30g

**만들기**

1 먹기 좋게 구워진 크루아상을 준비한다.
2 치즈와 햄은 반으로 자르고, 베이컨을 바싹 굽는다.
3 양상추는 손으로 뜯고, 피클은 길고 얇게 썬다.
4 준비해 놓은 크루아상을 반으로 가른다.
5 크루아상에 양상추 → 피클 → 햄 → 치즈 → 베이컨순으로 재료를 넣는다.

Tip 양상추 손질 · 보관법 : 흐르는 물에 씻은 뒤 찬물에 담가 둔다. 더 싱싱한 양상추를 먹을 수 있다. 시들기 쉬운 줄기는 통째로 랩에 싸서 냉장고에 보관한다.

**462** kcal　**10** 분

골다공증 예방에 좋고 철분이 많이 함유되어 있는 양상추로 만든 샌드위치
프랑스어로 '초승달'이라는 뜻을 가진 크루아상은 부드러워서 모두가 좋아하는 빵이기도 하다. 버디 향이 깅한 크루아상을 속을 꼭 채워 맛있는 샌드위치를 만들었다.
＊양상추의 칼로리는 100g당 10kcal이다.

# 커피번

## 재료

**[빵반죽]**

강력분····················220g
박력분·····················25g
인스턴트 드라이 이스트····5g
소금·························5g
우유························80g
물·························20g
계란························1개
설탕························30g
버터························30g
캔커피·····················2/3

**[커피 토핑 크림]**

박력분·····················70g
계란························1개
버터························60
설탕························45
캔커피·····················1/3

**[속재료]**

버터························60g
소금······················약간

## 만들기

❶ 큰 볼에 강력분과 박력분을 체에 쳐서 담는다.

❷ 계란은 미리 풀어 놓는다.

❸ 우유와 물은 데워서 드라이이스트를 녹여 놓고, 소금·설탕·계란을 넣고, 마지막으로 실온에 놓아 둔 버터를 넣어 반죽한다.

❹ ❸을 매끈하게 치댄 뒤 랩을 씌워서 약 45분 정도 발효시킨다(2배로 부풀어 오름). 1차 발효가 잘되었는지 확인해 보려면 손가락에 밀가루를 조금 묻히고 꾸욱 눌렀을 때 반죽이 따라오지 않으면 된다.

❺ 1차 발효가 끝나면 주먹으로 꾹꾹 눌러 공기를 빼 준다.

## 커피 토핑 크림과 번 속재료
### (1차 발효 시간 동안 만든다.)

❶ 버터는 실온에서 말랑말랑한 상태로 잘 풀어 주고, 설탕을 2~3회 정도 나눠서 잘 풀어 준 다음 미리 풀어 놓은 계란을 조금씩 나누어 넣어서 잘 섞이도록 한다.

❷ 박력분은 체에 쳐서 놓고, 데워 놓은 캔커피를 조금씩 넣으면서 매끄럽게 반죽이 되도록 젓는다.

❸ 완성된 커피 토핑 크림을 짤 주머니에 넣은 뒤 냉장 보관한다.

❹ 실온에 놓아둔 버터에 소금을 약간 넣고 잘 섞은 뒤 빵 반죽이 2차 발효될 때까지 냉장 보관한다.

❺ 1차 발효가 끝난 빵 반죽은 7~8개 정도로 나누어 둥글려 준 뒤 약 10~15분 정도 비닐을 덮은 상태로 둬서 잠깐 휴지한다.

❻ 반죽을 넙적하게 눌러 가스를 뺀 뒤 버터 속재료를 넣고 뒤를 꼼꼼히 붙여 준 뒤 팬 위에서 약 40분간 2차 발효를 한다.

❼ 팬에 띄엄띄엄 반죽을 놓고, 반죽의 약 70% 정도만 덮이도록 토핑 크림을 올린다.

❽ 오븐에서 200℃로 예열한 뒤 180℃로 15분 정도 구워 내면 완성된다.

---

**집에서 만드는 최신 유행 커피번**

빵집 앞을 지나다 보면 구수한 커피번의 향기가 발길을 잡아 끈다. 집에 있는 캔커피를 이용하여 전문 베이커리 부럽지 않은 홈베이킹 커피번을 손쉽게 만들 수 있다. 커피향 가득한 커피번과 따뜻한 커피를 준비하여 나들이를 떠나 보자.

225 kcal

80 분

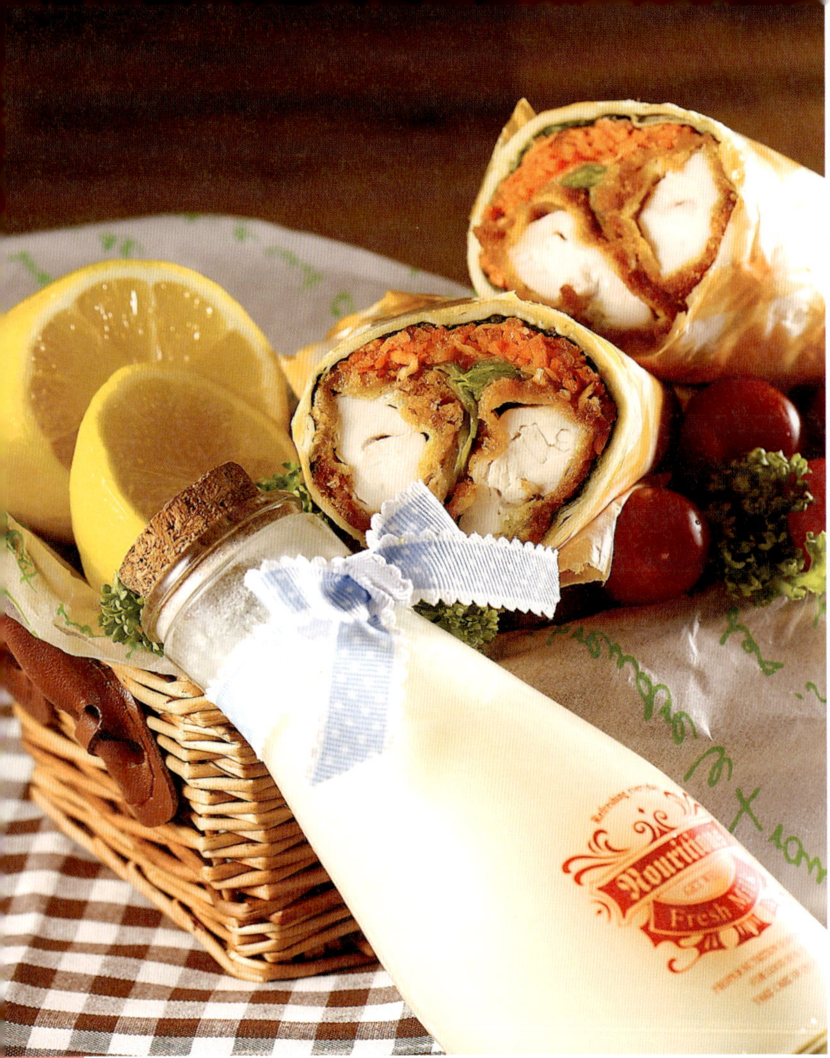


닭가슴살을 이용한 치킨 토르티야롤
피자로도 많이 만드는 토르티야는 멕시코 음식으로, 우리나라 사람들이 많이 활용하는 맛있는 요리이다.
＊토르티야는 마트에서 구입할 수도 있고, 직접 만들기도 한다.
＊우유 1컵에 담가 10분 정도 재워 두면 냄새가 없어지고 고기가 부드러워진다.

363 kcal

20 분

# 치킨토르티야롤

재료

닭가슴살 ···· 300g
(양념 : 허브 솔트 · 케이준 스파이스 1작은술씩, 다진 마늘 1큰술, 후춧가루 약간)
우유 ···· 1컵
토르티야 8인치 · 양상추 ···· 3장씩
당근 ···· 1/2개
(양념 : 칠리 소스 2큰술, 타바스코 1작은술)
계란 ···· 1개
(양념 : 케이준 스파이스 2큰술, 허브 솔트 1작은술)
밀가루 ···· 1/2컵
빵가루 ···· 1컵

만들기

1 닭가슴살은 손가락 굵기로 썰어 양념한 뒤 우유 1컵에 10분 정도 재운다.
2 양상추는 깨끗이 씻어 손으로 잎을 넓게 뜯어 준비한다.
3 당근은 가늘게 채썰어 칠리 소스와 타바스코를 넣고 버무린다.
4 계란에 케이준 스파이스와 허브 솔트를 넣고 잘 풀어 준다.
5 재운 닭가슴살에 밀가루 → ④ → 빵가루순으로 옷을 입혀 중불에서 노릇하게 튀긴다.
6 토르티야는 달군 팬에 기름을 두르지 않고 부풀어 오를 때까지 앞뒤로 살짝 굽는다. 마르면 딱딱해져서 부서지므로 랩으로 덮어 놓는다.
7 구운 토르티야에 양상추를 깔고 튀긴 닭가슴살과 당근을 올려 돌돌 말아 준다.
8 포일이나 랩, 샌드위치용 포장지로 감싸 마무리한다.

# 치킨볼

**재료**

닭가슴살 ················· 3쪽
계란 ····················· 1개
청양고추 ················· 1개
밀가루 ··················· 2큰술
소금 · 후춧가루 ····· 1/2작은술씩
식용유 ··················· 적당량

**만들기**

1. 닭가슴살 3쪽을 2cm 크기로 먹기 좋게 잘라 소금과 후춧가루로 밑간한다.
2. 계란물에 청양고추를 넣어 준비한다.
3. 닭가슴살을 밀가루 → 계란 → 밀가루순으로 옷을 입힌다.
4. 기름을 충분히 예열한 뒤 불을 중간불로 줄이고 밀가루 옷을 입힌 닭가슴살을 튀긴다.
5. 튀긴 치킨볼을 키친타월에 건져 기름기를 빼고 다시 한번 센 불에 튀긴다.

420 kcal

25 분

**일회용 커피잔을 이용한 치킨볼 도시락**

시중에서 냉동 치킨볼을 다양하게 판매하기도 하지만 매콤한 맛을 내기 위해 청양고추를 넣고 반죽하여 튀겨 낸 치킨볼.
색다른 맛과 포장으로 치킨볼을 최고의 음식으로 변신시켜 보자.

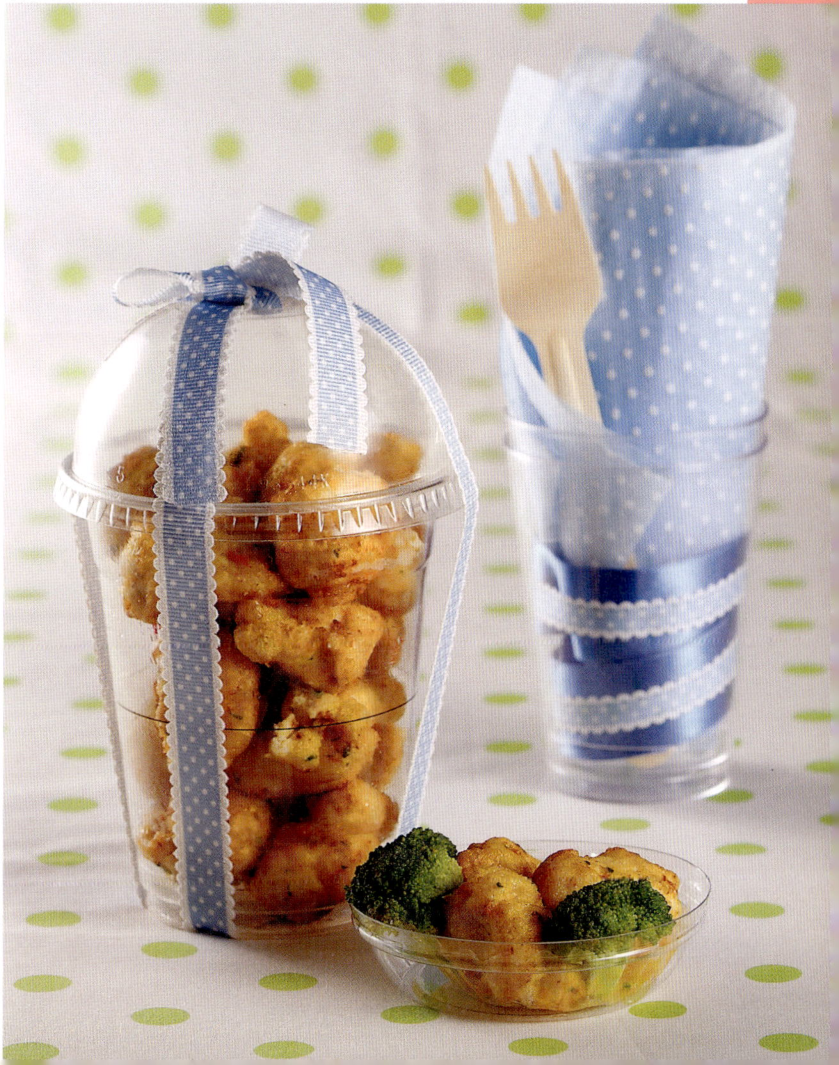

# 도시락에 곁들이는 과일 손질법

도시락의 후식으로 좋은 과일은 조금만 정성을 들이면 도시락을 한층 더 화사하게 만들며, 먹는 이에게 기쁨을 줄 수 있고, 먹기에도 쉬운 모양이 된다.

## 과일 예쁘게 깎기

### 사과

세로로 6등분하고 꼭지부터 씨까지 일자로 자른 뒤 껍질에 지그재그로 세 번 정도 칼집을 넣는다. 튤립 모양의 아랫부분을 벗겨 낸다. 껍질 칼집 모양에 따라서 토끼 모양, 리본 모양으로 응용할 수 있다.

### 파인애플

반으로 잘라서 가운데 심을 도려낸 뒤 과육을 파낸다. 이때 스쿠퍼를 이용하면 모양이 예쁘다. 파낸 과육을 파인애플 껍질에 담아 통째로 비닐 랩에 싸서 찬합에 담는다.

### 수박

수박을 삼각형 모양으로 썰어서 꼬챙이에 끼워 아이스바 형태로 만들거나 세모로 썬 수박의 껍질을 중앙 부분을 2cm 정도 남겨두고 나머지는 화살표 모양으로 자른다.

### 오렌지

껍질째 깨끗하게 씻어 8등분한 뒤 껍질과 과육 사이에 칼집을 넣어 완전히 떨어지지 않도록 3/4정도만 자른다. 또는 껍질을 완전히 잘라 낸 뒤 껍질 위에 놓인 과육의 중간에 어슷하게 칼집을 넣으면 야외에서 먹기 편하다.

### 바나나

바나나는 한쪽 끝을 남겨 놓고 길게 깐 껍질을 돌돌 말아 이쑤시개로 꽂아 '꽃버선'을 만든다. 과육은

찍어 먹기 좋게 칼집을 낸 뒤 통째로 담는다. 색이 금방 변할 수 있으니 먹을 만큼만 담는다.

### 멜론

멜론은 스쿠퍼로 동그랗게 파내서 작은 도시락 통에 담으면 예쁘다. 보트 모양으로 잘라 칼집을 지그재그로 넣어도 좋다.

### 포도

알알이 떼어 담아도 좋지만 꼭지 부분에 열 십(十)자가 되도록 칼집을 넣어 꽃잎처럼 4쪽으로 껍질을 벌리면 꽃송이처럼 보여 예쁘다.

### 참외

세로로 4등분하여 한 쪽씩 엎어 놓고 껍질째 1cm 두께로 비스듬히 자른다. 한쪽 끝은 남기고 껍질을 깎아 안으로 말아 고정시킨 뒤 꽃잎처럼 둥글게 돌려 담는다.


## 드레싱과 과일은 따로따로

과일 샐러드를 준비한다면 드레싱과 과일은 담는다. 드레싱을 미리 끼얹어 두면 물이 생겨 샐러드 맛이 떨어질 뿐 아니라 지저분해 보일 수 있다. 깔끔한 샐러드를 즐기기 위해 과일샐러드는 1회용 컵에 예쁘게 모양을 낸 과일과 베이비 채소를 담고 뚜껑을 닫는다. 테이크 아웃(take out) 컵을 모아두었다가 재활용하면 예쁘게 담을 수 있다. 드레싱은 작은 소스 통에 따로 담고 먹을 때 뿌려먹는다. 방산시장이나 고속버스터미널 등에 가면 저렴한 가격에 소스 통을 구입할 수 있다. 도시락에 같이 넣어 주면 센스 있어 보인다.


## 과일 꼬치로 한입에 쏙~

방울토마토와 딸기는 깨끗이 씻어 꼭지를 따서 준비한다. 키위는 반으로 갈라 스쿠퍼로 동그랗게 파낸다. 포도는 거봉으로 준비하여 꼬치에 끼워 과일 꼬치를 만들면

야외에서 간편히 먹기 편하다. 각각 한 개씩 꽂이에 끼워도 좋지만 서로 다른 색 과일을 함께 끼우면 더 맛깔스럽다.

Tip 고속터미널 상가, 남대문시장 등에서 다양한 색상의 장식용 꼬치(이쑤시개보다 약간 긴 것)와 잎(엽란 · 잎새란 · 허브) 등을 마련하면 장식하기 편하다. 또 과일용 스쿠퍼도 5천 원 정도로 저렴하게 구입할 수 있으니 이용해 보자.


## 시원한 과일 화채로 입가심하기

일반 과일도 좋지만 시원한 화채 한 그릇에 입 안까지 상큼해질 수 있다.

보냉병에 살짝 얼린 화채 국물을 넣고 예쁘게 모양 낸 과일을 넣어 주면 훌륭한 디저트가 된다. 같이 넣은 얼음이 녹을 것을 대비하여 화채 국물의 농도는 조금 진하게 만든다. 사이다에 과일즙을 섞거나 이온 음료로도 충분히 맛을 낼 수 있다. 이때 브랜디나 럼주를 조금 넣어 주면 더욱 맛있는 화채 국물이 된다.

# PART 3

# 수험생을 위한 도시락

공부에 집중하다 보면 에너지가 떨어지는 것을 느낄 때가 있다. 수험생에게 적절한 영양을 공급함으로써 머리를 맑게 하고,

집중력을 향상시켜 주며, 스트레스를 풀어 주는 음식을 만들어 도시락을 싸 보자. 엄마의 정성이 집중력을 기르고, 시험에

서도 큰 성과를 내는 데 도움이 될 것이다.

# 굴죽 / 더덕떡갈비 / 꽁치트위스티

## 굴죽
### 298kcal

**재료**

불린 쌀 · · · · · · · · · · · · · · 1컵
물 · · · · · · · · · · · · · · · · · · · · 5컵
표고 가루 · · · · · · · · · · · · 1큰술
굴 · · · · · · · · · · · · · · · · · · · 1/2컵

**만들기**

❶ 불린 쌀을 참기름 살짝 두르고 볶다가 적당량의 물 또는 육수를 붓고 끓여 준다.

❷ 바글바글 끓어 오르면 중불로 줄이고 쌀이 퍼질 때까지 잘 저어 준다.

❸ 굴은 소금물에 가볍게 씻어서 건져 놓는다.

❹ 쌀이 퍼졌으면 굴을 넣고 저어 가며 끓여 준다.

❺ 굴이 익었으면 소금이나 국 간장으로 간을 해서 먹는다.

❻ 식기 전에 보온 도시락에 담아 따뜻하게 먹을 수 있게 하자.

## 더덕떡갈비
### 469kcal

**재료**

더덕 · · · · · · · · · · · · 4뿌리(45g)
쇠고기(간 것) · · · · · · · · · · 220g
(양념 : 다진 양파 3큰술, 다진 마늘 1큰술, 다진 실파 1큰술, 간장 2큰술, 설탕 1큰술, 매실청 1큰술, 후춧가루 · 생강즙 약간, 참기름 1/2큰술)

**만들기**

❶ 더덕은 물에 깨끗이 씻어서 껍질을 간 뒤 잘게 다져 준다.

❷ 쇠고기에 분량의 양념을 넣고 잘 치댄 뒤 팩에 넣어 냉장고에서 1시간 정도 둔다.

❸ ②에 ①을 섞고 적당한 크기로 모양을 만든다.

❹ ③을 오븐에 넣고 180℃에서 11분간 구워 준다.

## 꽁치트위스티
### 431kcal

**재료**

포 뜬 꽁치 · · · · · · · · · · 1마리분
＊꽁치 밑간 : 청주 1큰술, 후춧가루 · 허브 가루 약간씩
상추 · · · · · · · · · · · · · · · · · · 4장
피클 · 머스터드 · 케첩 · · · · 약간씩
밀가루 · · · · · · · · · · · · · · · 1/3컵
계란 · · · · · · · · · · · · · · · · · · 1개
빵가루 · · · · · · · · · · · · · · · 1/2컵
토르티야 · · · · · · · · · · · · · · · 4개

**만들기**

❶ 포 뜬 꽁치에 청주와 후춧가루, 허브 가루를 뿌려서 1시간 정도 재워 둔다.

❷ 밀가루 → 계란 → 빵가루순으로 튀김옷을 입혀서 앞뒤로 노릇하게 튀긴다.

❸ 토르티야를 앞뒤로 살짝 구운 뒤 상추와 피클을 올리고 케첩, 머스터드 소스를 뿌리고 돌돌 만다.

Tip 꽁치 대신 닭가슴살이나 불고기를 이용해도 좋다.

---

**수험생의 두뇌 활동을 돕는 도시락**

뇌에 산소가 부족하면 집중력이 떨어져 책을 펴도 머리에 들어오지 않고 잡생각이 많아지게 된다.

＊굴에는 단백질과 타우린, 칼슘뿐 아니라 헤모글로빈의 원료인 철분이 풍부하여 두뇌에 신선한 산소를 공급하므로 두뇌 활동을 활발하게 하는 데 도움을 준다.

＊더덕은 진정 작용이 있어 긴장한 마음을 진정시키는 효과가 있다. 또 사포닌 성분이 풍부해 추운 겨울, 코와 목감기 등의 호흡기 질환에 좋다.

＊등 푸른 생선인 꽁치는 DHA가 풍부하여 두뇌 활동에 좋고, 비타민 · 칼슘 · 철분이 풍부하여 장시간 책을 읽어 피로해진 눈과 빈혈에 좋다. 꽁치를 튀기면 비린 맛이 전혀 없이 고소한 맛이 난다.

**1,198** kcal **90** 분

# 돼지고기카레구이 / 건강주스

## 돼지고기카레구이

### 478kcal

**재료**
돼지고기(안심) · · · · · · · · · · · · 200g
영양부추 · · · · · · · · · · · · · · · · · · · 25g
생강 · · · · · · · · · · · · · · · · · · · · · · · · 1톨
대파(흰뿌리 부분) · · · · · · · · · 5cm
식용유 · · · · · · · · · · · · · · · · · · 1큰술
＊**양념** : 양파 1/4개, 카레 가루(약
간 매운맛) 2큰술, 설탕 1작은술

**1차 과정 준비하기**
❶ 양파를 강판에 곱게 갈아 다른
양념 재료와 골고루 섞는다.
❷ 돼지고기는 0.3cm 두께에 4×
5cm 크기로 썰어 키친타월로 핏물
을 제거하고 ①의 양념에 버무려
10분 정도 재운다.
❸ 영양부추는 5cm 길이로 썰고,
껍질 벗긴 생강은 0.2cm 두께로 얇
게 채 썬다.
❹ 대파는 반으로 갈라 가운데 심
을 제거하고 곱게 채 썰어 찬물에
담갔다가 비벼 씻은 다음 키친타월
로 물기를 제거한다.
❺ 영양부추와 대파를 골고루 섞어
놓는다.

**만들기**
❶ 달군 팬에 식용유를 두르고 생
강을 넣은 뒤 중간 불에서 1분 정
도 노릇하게 볶아 향을 우려 낸 뒤
불에서 내려놓는다.
❷ ①의 팬에 재워 둔 돼지고기를
넣고 중간 불에서 앞뒤로 노릇하게
2~3분 정도 굽는다.
❸ 구운 고기를 넓게 담고 영양부
추와 대파를 올린 뒤 구운 생강을
뿌린다.

Tip 돼지고기 대신 닭가슴살을 이
용해도 좋다.

## 건강주스

### 245kcal

**재료**
딸기 · · · · · · · · · · · · · · · · · · · · · · 5개
우유 · · · · · · · · · · · · · · · · · · · · · · 1컵
꿀 · · · · · · · · · · · · · · · · · · · · · · 1큰술

**만들기**
❶ 딸기와 우유, 꿀을 믹서로 곱게
간다.
❷ ①을 물병에 담는다.

Tip 칼슘이 풍부한 우유와 비타민
이 풍부한 딸기는 궁합이 잘
맞는 재료다. 딸기와 우유를
섞어 먹으면 딸기의 자극적인
신맛을 중화해 먹기가 좋으며,
영양의 균형을 이룬다.

---

**수험생의 영양식**
돼지고기는 인 · 칼륨 · 미네랄 등 각종 영양소가 풍부하여 수험생의 영양식으로 좋다. 장의 연동 운
동을 촉진시켜 운동이 부족한 수험생의 변비 예방에도 효과적이며, 필수아미노산과 비타민이 풍부
하여 피로 회복에 도움이 된다.
또한 카레의 강황 성분이 면역력을 높여 주므로 감기 예방에도 좋다. 카레 맛이 향긋한 돼지고기와
시원한 딸기 주스를 함께 담아 공부에 지친 수험생들에게 먹는 기쁨으로 활력소를 제공해 주자.

723 kcal

25 분

# 검정콩밥 / 호박고기박이 / 잔멸치볶음

## 검정콩밥

### 330kcal

**재료**
흰쌀 · · · · · · · · · 200g(1공기분)
검정콩 · · · · · · · · · · · · · · · 20g

**만들기**
❶ 쌀을 깨끗하게 씻는다.
❷ 검정콩도 깨끗하게 씻는다.
❸ 밥솥에 씻은 쌀을 안치고 검정콩을 올린 뒤 물을 부어 불렸다가 밥을 짓는다.

## 호박고기박이

### 323kcal

**재료**
애호박 · · · · · · · · · · · · · · · 1/2개
녹말가루 · · · · · · · · · · · · · · 약간
양파 · 당근 · 파 · · · · · · · · 약간씩
다진 고기 · · · · · · · · · · · · · 30g
(양념 : 청주 2큰술, 간장 · 설탕 1작은술씩, 다진 마늘)
소금 · 후춧가루 · · · · · · · · 약간씩
계란 · · · · · · · · · · · · · · · · · 1개
식용유 · · · · · · · · · · · · · · · · 약간

**만들기**
❶ 호박을 0.5cm 두께로 썰어 모양틀로 한가운데를 찍은 뒤 소금 간을 약간 하고 녹말가루를 입힌다.
❷ 양파, 당근, 파를 곱게 다져 놓는다.
❸ 고기를 양념하여 잠시 재워 두었다가 칼로 곱게 다져서 준비한다.
❹ ②와 ③을 한데 넣고 소금과 후춧가루로 밑간한 뒤 계란 1개를 넣고 골고루 섞는다.
❺ 달군 팬에 기름을 두르고 ①의 호박을 올리고 ②를 한 숟가락씩 떠서 가운데 올려 곱게 부친다.

## 잔멸치볶음

### 257kcal

**재료**
잔멸치 · · · · · · · · · · · · · · · 70g
＊양념장 : 간장 3큰술, 청주 2큰술, 고추씨기름 2작은술, 올리고당 3큰술, 참기름 1/2큰술, 다진 마늘 1작은술, 고춧가루 1작은술, 통깨 약간

**만들기**
❶ 양념장을 한데 넣고 바글바글 끓어 오르게 한 뒤 양념장이 반 정도 줄었을 때 잔멸치를 넣고 볶아 준다.
❷ 거의 볶고 나서 통깨, 참기름을 살짝 두르고 1분 정도 더 볶아 준다.

---

**두뇌 활동을 돕는 콩과 멸치**
검정콩은 콩의 레시틴이 뇌의 신경전달물질 중에서 가장 중요한 아세틸콜린의 원료가 되어 두뇌 활동에 좋다. 검은 색소인 안토시아닌 성분은 시력 향상에 도움을 주기 때문에 장시간 책을 읽어 눈이 피로한 수험생이 자주 섭취해 주면 좋다.
멸치는 두뇌 발달에 좋은 영양을 주고 신체 생리 작용을 원활하게 도와주므로 밑반찬으로 만들어 수험생에게 많이 공급해 준다.

910 kcal

40 분

# 다시마말이 / 오징어크로켓

## 다시마말이
### 128kcal

**재료**

다시마·····················3장
맛살·····················3개
단무지·····················50g
적채·····················2장

**만들기**

❶ 다시마는 물에 깨끗이 씻어 불린 뒤 물기를 빼고 15cm 크기로 잘라 준다.

❷ 맛살은 잘게 찢어 놓는다.

❸ 단무지와 적채는 가늘게 채 썬다.

❹ 다시마를 깔고 채 썬 재료들을 넣고 돌돌 말아 준다.

❺ 한입 크기로 잘라 도시락에 담는다.

## 오징어크로켓
### 583kcal

**재료**

오징어·····················1/2마리(50g)
감자·····················1개
계란·····················1개
당근·····················1/3개
양파·····················1/2개
마요네즈·····················2큰술
소금·후춧가루·········약간씩
튀김 기름·····················적당량
밀가루·····················1/2컵
계란물·····················1개분
빵가루·····················2컵

**만들기**

❶ 오징어는 껍질을 벗겨 잘게 다진다.

❷ 감자와 계란은 삶아서 뜨거울 때 으깨고, 당근은 삶아서 곱게 다진다. 양파도 다져 둔다.

❸ ①과 ②를 골고루 섞은 뒤 마요네즈·소금·후춧가루를 넣고 버무린다.

❹ ③을 둥글게 빚어 밀가루 → 계란물 → 빵가루순으로 옷을 입혀 170℃의 기름에 노릇하게 튀긴다.

❺ 튀긴 오징어크로켓을 한 김 식힌 뒤 도시락에 담는다.

---

**운동량 부족한 수험생의 건강식**

다시마는 하루 종일 앉아 있어 운동량이 부족한 수험생에게 좋은 식품이다. 알긴산(섬유질)이 장의 운동을 촉진시켜 변비를 예방하고 개선시키기 때문이다. 수험생들에게 많이 발생하는 변비의 개선에 좋은 다시마를 골고루 섭취할 수 있도록 하자. 무기질이 풍부한 다시마가 공부에 지친 수험생 입맛을 새롭게 해 줄 것이다.

711 kcal

30 분

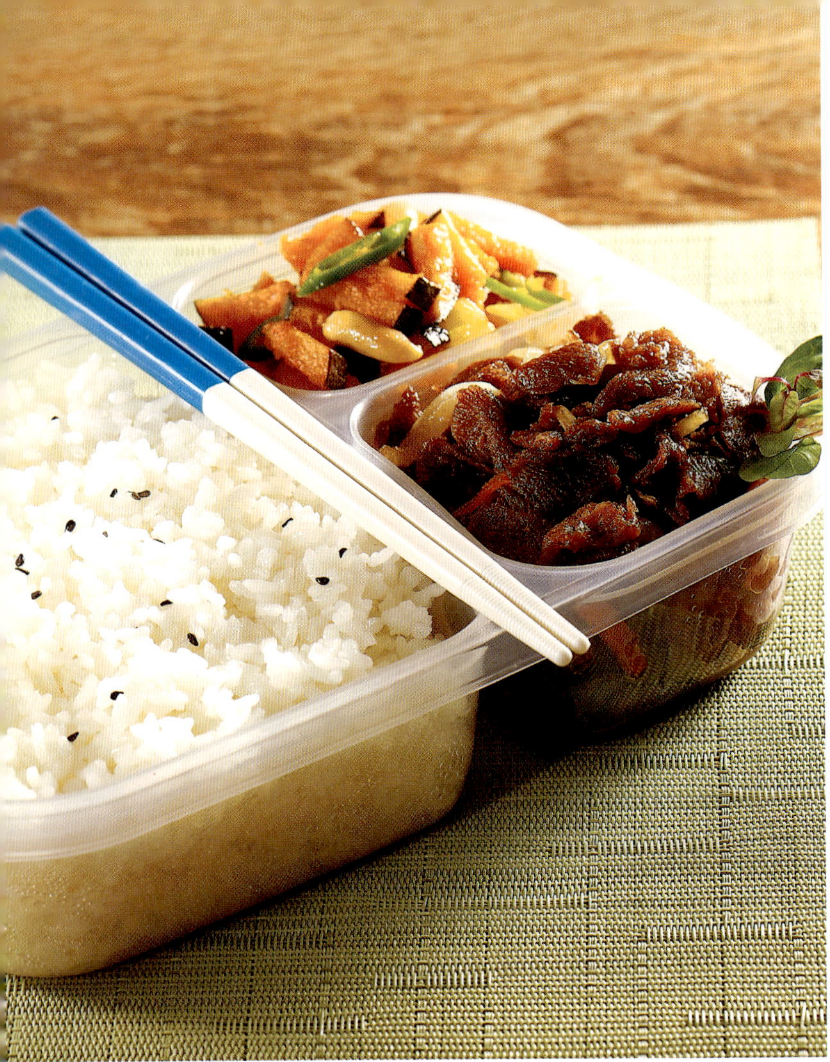

수험생의 몸속 독소를 없애 주는 단호박 요리

단호박은 하체의 혈액 순환이 원활하지 않은 수험생들의 몸속 노폐물을 제거해 주며, 소화도 잘 되게 해 준다. 노란 단호박의 단맛과 부드러움은 다른 재료와의 궁합도 매우 좋다. 색깔만큼이나 맛도 훌륭한 단호박볶음과 쇠고기볶음은 수험생에게 에너지를 제공한다.

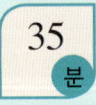

352 kcal | 35 분

# 단호박쇠고기볶음

**재료**

단호박 ·················· 1/3개
쇠고기 ·················· 200g
(양념 : 다진 마늘 2큰술, 배즙 4큰술, 진간장 2큰술, 설탕 5작은술, 꿀 1큰술, 조청 1큰술, 후춧가루 약간, 양파 1/3개, 대파 1뿌리, 참기름 1큰술)

**만들기**

1. 단호박은 겉을 깨끗이 씻어 껍질까지 사용한다.
2. 단호박은 작게 채 썰어 준비한다.
3. 달군 팬에 올리브유를 조금 두르고 소금을 약간 넣고 볶는다.
4. 쇠고기는 양념장을 만들어 30분 정도 재워 둔다.
5. ④의 고기는 뜨거운 팬에 재빨리 볶는다.
6. ③의 단호박과 ⑤의 고기를 찬 바람에 식힌 뒤 도시락에 담는다.
7. 하얀 쌀밥에 검은깨로 고소함을 더했다.

Tip 후식으로 먹는 프룬요거트. 프룬과 요거트를 믹서에 갈아서 냉장 보관했다가 식후에 먹을 수 있게 준비하면 좋다.

# 계란치즈말이

## 재료

마른 표고 · · · · · · · · · · · · · 3개
깻잎 · · · · · · · · · · · · · · · · 6장
시금치 · · · · · · · · · · · · · · 50g
청 · 홍피망 · · · · · · · · · 1/2개씩
계란 · · · · · · · · · · · · · · · · 3개
(양념 : 참기름 1/2작은술, 소금 · 후
춧가루 약간)
슬라이스 치즈 · · · · · · · · · · 2장
소금 · 후춧가루 · · · · · · · 약간씩
참기름 · 식용유 · · · · · · · 적당량

## 만들기

❶ 마른 표고는 미지근한 물에 불려서 갓만 다지고, 깻잎은 씻어 물기를 턴다. 시금치는 다듬어서 데쳐 놓고, 피망은 채 썬다.
❷ 시금치를 소금과 참기름으로 무치고, 피망은 식용유에 볶아 소금과 후춧가루로 간한다.
❸ 계란을 풀어 소금 · 후춧가루 · 참기름으로 간하여 성근 체에 거른다. 다진 표고를 섞는다.
❹ 달군 프라이팬에 식용유를 둘러 계란물을 반쯤 부어 깻잎을 올린다. 익으면 남은 계란물을 붓고 치즈를 얹은 뒤 ②를 올려 만다.
❺ 계란말이를 식힌 뒤 한입 크기로 잘라서 도시락에 담는다.

**336 kcal** / **20 분**

### 흔한 계란과 채소로 만드는 특별한 계란말이

도시락 반찬으로 빠지지 않는 계란말이. 어디서든 쉽게 구할 수 있는 계란과 치즈를 함께 넣어 계란말이를 만들었다.
섬유질과 카로틴, 비타민이 풍부한 시금치와 파프리카, 깻잎 등 영양소가 풍부한 채소를 넣어 특별한 계란말이를 만들어 보자. 모양과 색이 매우 예쁜 도시락 반찬이다.

# 파프리카불고기 / 햄계란샐러드

## 파프리카불고기
### 334kcal

**재료**

쇠고기 · · · · · · · · · · · · · · · · · · 200g
(양념 : 간장 1큰술, 설탕 1작은술, 물
엿 1작은술, 다진 마늘 1큰술, 다진
파 1큰술, 참기름 · 후춧가루 약간
씩)
파프리카 · · · · · · · · · · · · · · · · 1개

**만들기**

❶ 쇠고기는 양념장에 조물조물 버무려 1시간 정도 재워 둔다.
❷ 파프리카는 채 썰어 놓는다.
❸ 달군 프라이팬에 ①의 고기를 볶다가 파프리카를 넣어서 살짝 볶은 뒤 불을 끈다.

## 햄계란샐러드
### 334kcal

**재료**

양배추 · · · · · · · · · · · · · · · · · 1장
계란 · · · · · · · · · · · · · · · · · · · 1개
햄 · · · · · · · · · · · · · · · · · · · · · 30g
옥수수콘 · · · · · · · · · · · · · · · 2큰술
오이 · · · · · · · · · · · · · · · · · · · 1/2개
머스터드 소스 · · · · · · · · · 1작은술

**만들기**

❶ 양배추는 채 썰어 놓는다.
❷ 계란을 풀어서 달군 팬에서 스크램블에그를 만든다.
❸ 햄과 오이는 깍둑썰기를 한다.
❹ 그릇에 ①, ②, ③을 모아 담고, 옥수수콘도 함께 넣은 뒤 머스터드 소스를 곁들인다.

---

**육류와 파프리카가 어울려 비타민과 활력을 공급해 주는 도시락**

비타민이 풍부한 파프리카는 바쁜 시간 속에서 과일이나 채소를 따로 챙겨먹지 못해 비타민 섭취량이 부족해지기 쉬운 수험생들에게 좋은 반찬 재료가 된다. 비타민과 무기질이 풍부하여 스트레스 해소에도 도움이 되며, 고기와 햄, 채소 샐러드까지 곁들여 입맛도 살려 주고 피곤함을 덜어 주는 도시락이다.

535 kcal

30 분

# 돼지불고기 / 흑미밥

## 돼지불고기
### 643kcal

**재료**

돼지고기 · · · · · · · · · · · · · · · · 300g
(양념 : 간장 4큰술, 고춧가루 4큰술, 고추장 3큰술, 참기름 1큰술, 미림 2큰술, 생강 1.5작은술, 마늘 4톨, 설탕 1큰술, 양파 간 것 1/2컵, 후춧가루 약간)
다진 파 · · · · · · · · · · · · · 1큰술
양파 · · · · · · · · · · · · · · · · 1/2개
고춧가루 · · · · · · · · · · · · · 약간

**만들기**

❶ 돼지고기를 얇게 썰어 준다. 불고깃감이나 삼겹살이 좋다. 듬성 듬성 먹기 좋은 크기로 썰어 준다.
❷ 양념장 재료를 한데 잘 섞은 뒤 2숟가락 정도의 양념장을 남겨 두고 나머지는 돼지고기에 넣고 조물조물 무쳐 2시간 정도 재워 둔다.
❸ 프라이팬에 기름을 두르고 뜨겁게 달군 뒤 재워 둔 돼지고기를 넣고 볶는다.
❹ 고기 표면이 어느 정도 익으면 불을 조금 줄이고 돼지고기가 잘 익도록 볶아 준다.
❺ 돼지고기가 익으면 센 불로 다시 높이고 양파와 고추를 듬뿍 넣고 남겨 둔 양념장을 다 넣고 지글 지글 볶아 준다.
❻ 양파가 익고 고추향이 나기 시작하면 파를 듬뿍 넣고 한 번 더 볶아 준다. 고춧가루 색이 색이 나지 않으면 파를 넣을 때 고춧가루를 조금 더 넣는다.
❼ 불고기는 양념 국물이 흐르지 않게 일회용 반찬 용기에 담는다.
❽ 밥과 고기는 따로 싸고 채소는 비닐 팩에 담아도 좋다.
❾ 후식으로 과일을 곁들인다.

## 흑미밥
### 330kcal

**재료**

흰쌀 · · · · · · · · · · · · · · · · 3/2컵
흑미 · · · · · · · · · · · · · · · · 1/2컵

**만들기**

쌀과 흑미를 씻어서 30분간 불린 뒤 밥을 짓는다.

## 신선한 채소
### 당근 24kcal / 오이 10kcal

**재료**

당근 · · · · · · · · · · · · · · · · · · · 1개
오이 · · · · · · · · · · · · · · · · · · · 1개
(쌈 대신 먹을 수 있는 생채소면 다른 것도 좋다.)

**만들기**

당근과 오이를 깨끗이 씻어서 물기를 없앤 뒤 알맞은 크기로 썰어서 준비한다.

---

**돼지불고기와 잘 어울리는 채소쌈**

돼지불고기는 식구가 한자리에 모였을 때 주로 먹는 음식이다. 함께 식사할 시간이 부족한 수험생에게 도시락으로 마련해 주면 입맛을 돋워 줄 것이다. 돼지불고기와 싱싱한 채소에 흑미밥이 어우러지면 맛과 영양이 조화를 이룬 한 끼 도시락이 완성된다.

1,007 kcal  30 분

# 치즈밥 / 부추전 / 닭고기양념조림

## 치즈밥

### 370kcal

**재료**

슬라이스 치즈 ·············1장
밥·················1공기

**만들기**

❶ 뜨거운 밥을 도시락에 담고 그 위에 치즈를 작게 잘라 올린다.

Tip 밥과 반찬은 각각 따로 반찬통에 담아 맛이 섞이지 않도록 주의한다.
닭고기와 삶은 콜리플라워는 도시락에 함께 담고 바삭한 전은 따로 담는다.

## 부추전

### 171kcal

**재료**

밀가루 ········1/2컵(100g)
부추 ················30g
계란 ·················1개
소금 ················약간
식용유 ··············적당량

**만들기**

❶ 밀가루와 부추, 계란, 소금을 넣고 반죽을 만든다.
❷ 달군 팬에 기름을 두르고 노릇하게 구운 뒤 한입 크기로 자른다.

## 닭고기양념조림

### 321kcal

**재료**

닭가슴살 ············100g
(양념 : 간장 1큰술, 다진 마늘 1/2큰술, 다진 파 1/2큰술, 참기름·후춧가루 약간씩, 설탕 1큰술)
콜리플라워 ···········1송이

**만들기**

❶ 닭가슴살에 닭고기 양념장을 만들어 조물조물 버무려 10분 정도 재워 둔다.
❷ ①의 닭고기를 팬에 볶아 준다.
❸ 콜리플라워를 끓는 물에 데쳐 삶아 찬물에 헹궈 물기를 없앤 뒤 꽃송이별로 가지를 떼어 담는다.

---

**수험생을 위한 비타민 도시락**

콜리플라워는 비타민이 풍부하여 비타민이 부족한 수험생에게 매우 좋다.
부추에 들어 있는 매운맛 성분인 황화알릴은 비타민B$_1$과 결합해 알리티아민이 된다. 알리티아민은 피로를 풀어 주어 더위로 체력이 떨어진 수험생에게 좋다. 또한 알릴 성분은 소화를 돕고 장을 튼튼하게 하여 체력을 보충하는 데 좋다. 일반적으로 비타민B$_1$은 흡수가 잘 되지 않는 약점이 있는데, 부추에 들어 있는 알라신 성분은 비타민B$_1$의 흡수를 도와 체내에 오래 머물도록 한다.

862 kcal

50 분

# 흑미검정콩밥 / 호박새우살전 / 감자조림

## 흑미검정콩밥

### 406kcal

**재료**

검정콩·····················30g
흑미 ·····················80g

**만들기**

❶ 검정콩은 1시간 정도 물에 담가 놓는다.
❷ 불린 콩과 흑미를 넣어 밥을 짓는다.

## 호박새우살전

### 211kcal

**재료**

호박 ····················1/2개
새우살 ···················50g
(양념 : 녹말가루 2큰술, 밀가루 1큰술, 소금 약간)

**만들기**

❶ 새우살은 녹말가루, 밀가루, 소금을 넣고 반죽한다.
❷ 호박을 슬라이스한 뒤 한가운데 씨를 파내고 새우살을 넣어 모양을 낸다.
❸ 기름을 두른 팬에 하나씩 지져 낸다.

## 감자조림

### 133kcal

**재료**

감자·····················2개
＊양념장 : 간장 2큰술, 설탕 1큰술, 참기름·후춧가루 약간씩

**만들기**

❶ 감자는 깨끗이 씻어 한입 크기로 자른다.
❷ 분량의 재료를 넣고 양념장을 만들어 놓는다.
❸ 자른 감자에 양념장을 넣고 조려 준다.
❹ 따뜻한 보온 도시락에 밥과 반찬이 식기 전에 담는다.

**수험생 질병 예방에 좋은 도시락**

블랙 푸드의 대표적인 식품인 흑미. 흑미는 단백질·아미노산·비타민·미네랄이 풍부하며, 특히 식이섬유는 일반 쌀의 5배에 달한다. 꾸준히 먹으면 인체 종합 조절 기능을 개선하고 면역 기능을 강화시켜 수험색의 적인 질병 예방에 효과적이다. 냉장고 속에 있는 흔한 재료로 맛있는 도시락을 만드는 방법을 제안한다.

744 kcal

50 분

# 영양밥 / 두부조림

## 영양밥

### 401kcal

**재료**

쌀 · · · · · · · · · · · · · · · · · · 1컵
은행 · · · · · · · · · · · · · · · 5~6알
밤 · · · · · · · · · · · · · · · · · · 3알
대추 · · · · · · · · · · · · · · · · · 5알
표고 · 당근 · 양파(채 썬 것) · · · · ·
· · · · · · · · · · · · · 각 1큰술 분량씩
소금 · · · · · · · · · · · · · 1/4작은술
＊양념장 : 간장 1큰술, 물 1큰술,
다진 파 1작은술, 다진 마늘 1작은
술, 깨 · 참기름 조금씩

**만들기**

❶ 쌀을 씻어서 30분 정도 불린다.
❷ 은행은 프라이팬에 볶거나 오븐
에 구워서 속껍질을 벗긴다.
❸ 밤은 껍질을 벗긴 다음 4~5조
각으로 썬다.
❹ 대추는 씨를 발라 낸 다음 먹기
좋은 크기로 조각 낸다.
❺ 표고 · 당근 · 양파는 채 썰어 준
비한다.
❻ 밥솥에 쌀과 은행, 밤, 대추, 표
고, 양파, 당근을 모두 넣은 뒤 소
금으로 간한다. 밥물은 평소보다
조금 적게 잡는다.
❼ 분량의 재료를 넣고 양념장을
만든다.
❽ 밥이 다 되면 고루 섞은 뒤 그릇
에 담고 양념장에 비빈다.

Tip 영양밥은 햇곡식이 나기 시작
하는 가을이 가장 맛있다. 밤,
대추, 은행 등을 넣어 밥을 지
으면 맛과 영양이 풍부한 영양
밥이 된다.

## 두부조림

### 267kcal

**재료**

두부 · · · · · · · · · · · · 1/2모(250g)
＊양념장 : 고춧가루 1큰술, 설탕
1/2작은술, 간장 1/2작은술, 다진
마늘 1작은술, 다진 파 1작은술, 물
1/2컵

**만들기**

❶ 두부는 납작하게 자른다.
❷ 양념장을 만들어 냄비에 두부를
깔고 양념장 반과 물을 넣고 조린
다.
❸ 물이 반으로 줄어들면 나머지
양념장을 넣고 간이 밸 때까지 조
린다.

**영양밥과 두부를 함께 먹음으로써 쌀에 부족한 필수 아미노산인 리신을 보충할 수 있는 도시락**

두부에 들어 있는 콩은 소화율이 낮아 유용한 영양소를 충분히 흡수할 수 없다는 단점이 있다. 그런
데 콩을 갈아 두부로 만들어 먹으면 소화율이 95%로 높아진다. 또한 두부로 만들어지는 과정에서 칼
슘의 함유량이 늘어나 영양의 측면에서 훨씬 균형 잡힌 식품이 된다.
＊두부의 주원료인 콩의 40%를 차지하는 단백질과 필수 지방산은 뇌에 에너지를 공급하고 신경 세
포 성장에 도움을 준다. 특히 두부에 풍부한 레시틴은 신경 전달 물질을 이루는 주요 성분으로, 기억
력을 높이는 작용을 한다.

668 kcal

40 분

# 계란말이밥 / 표고볶음 / 감자샐러드 / 오이초절임

## 계란말이밥
### 437kcal

**재료**
밥 · · · · · · · · · · · · · · · · · · 1공기
(양념 : 소금 약간)
다진 파 · · · · · · · · · · · · · 2큰술
식용유 · · · · · · · · · · · · · · 1큰술
계란 · · · · · · · · · · · · · · · · · 2개
(양념 : 소금 약간)
버터 · · · · · · · · · · · · · · · · · 10g

**만들기**
❶ 계란은 미리 풀어서 소금으로 간해 놓는다.
❷ 식용유 1큰술에 소금을 약간 뿌려 밥을 고슬고슬하게 볶는다.
❸ ②에 다진 파를 넣어 함께 볶아 준다.
❹ 약한 불에 팬을 올리고 버터를 약간 바른 뒤 계란물을 1큰술씩 부어 볶은 밥을 주먹밥 모양으로 올려 말아 부쳐 준다. 긴 타원 모양으로 지단을 부친 뒤 계란 표면이 약간 익었을 무렵에 밥을 올려서 부쳐야 깔끔하게 된다.

Tip 계란물은 미리 풀어 1시간 정도 숙성시킨 뒤 부쳐 주면 노란색이 더 진하고 곱다.

## 표고볶음
### 65kcal

**재료**
마른 표고 · · · · · · · · · · · · · 3개
(양념장 : 진간장 1큰술, 설탕 1작은술, 참기름 1큰술)
청 · 홍피망 · · · · · · · · · · 약간씩
통깨 · · · · · · · · · · · · · · · · · 약간

**만들기**
❶ 마른 표고는 따뜻한 물에 잘 불린다.
❷ 분량의 재료를 섞어 표고 양념장을 만들어 놓는다.
❸ ①을 채 썰어 양념장에 무쳐 양념이 잘 배도록 20분 정도 둔다.
❸ ③를 팬에 볶다가 가늘게 채 썬 피망을 함께 넣어 재빨리 볶은 뒤 통깨를 뿌려 도시락에 담는다.

## 감자샐러드
### 148kcal

**재료**
감자 · · · · · · · · · · · · · · · · 1/2개
마요네즈 · 설탕 · · · · · 1작은술씩
소금 · · · · · · · · · · · · 1/8작은술
플레인 요구르트(우유) · · · · 1큰술
완두콩 · 스위트콘 · · · · 1작은술씩

**만들기**
❶ 감자는 삶아서 껍질을 벗겨 큼지막하게 썬 뒤, 전자레인지에 5분간 돌려 뜨거울 때 으깨어 준다.
❷ 분량의 마요네즈와 설탕, 소금을 넣어 섞어 준다.
❸ 완두콩과 스위트콘을 넣어 주고, 플레인 요구르트를 넣어 곱게 치댄다.

## 오이초절임
### 73kcal

**재료**
오이 · · · · · · · · · · · · · 1/2개(70g)
*배합초 : 식초 2큰술, 설탕 2큰술, 소금 1/2작은술

**만들기**
❶ 오이는 소금물로 깨끗이 씻는다.
❷ 동그란 모양으로 살짝 도톰하게 썰어 놓는다.
❸ 미리 준비한 배합초에 20분간 절인 뒤, 배합초에서 건져 도시락에 담는다.

---

**맛과 영양이 일품인 담백한 도시락**
소화 기능이 뛰어나고 풍부한 영양소를 담은 감자와 표고는 수험생들의 속을 든든하게 해 준다. 표고는 풍부한 섬유질이 변비를 예방하며, 비타민D는 빈혈 예방 효과가 좋다.
감자는 당질이 적고, 수분 · 단백질 · 지방이 많아 맛이 담백하다. 무기질이 풍부하며, 비타민의 창고라고 불릴 만큼 비타민이 풍부하다. 모양 낸 계란말이밥과 함께 먹으면 일품이다.

723 kcal

50 분

# 완두콩밥 / 김치전 / 껍질콩조림 / 콩나물무침

## 완두콩밥
### 290kcal

**재료**
쌀 · · · · · · · · · · · · · · · · · · ·1컵
완두콩· · · · · · · · · · · · · · · · ·20g

**만들기**
❶ 쌀을 씻어서 30분 정도 불린다.
❷ 완두콩을 넣어 밥을 짓는다.

Tip 완두콩은 시력을 증진시키는
데 도움을 주며, 항상 책상에
앉아 있어서 체력이 약해진 수
험생에게 좋은 영양소가 된다.

## 김치전
### 153kcal

**재료**
김치 · · · · · · · · · · · · · · · ·1/5쪽
밀가루· · · · · · · · · · · · · · · · ·50g
식용유 · · · · · · · · · · · · · · · · 약간

**만들기**
❶ 김치를 잘게 썰어 국물을 짜서
큰 그릇에 담아 놓는다.
❷ 꼭 짠 김치와 밀가루와 소금 약
간을 넣고 반죽을 한다.
❸ 기름을 두른 팬에 동그랗게 한
숟가락씩 부쳐 준다.

## 껍질콩조림
### 21kcal

**재료**
껍질콩· · · · · · · · · · · · · · · · ·50g
소금 · 후춧가루 · 통깨 · · · · 약간씩

**만들기**
❶ 껍질콩은 손가락 한 마디 정도
크기로 자른다.
❷ 소금 · 후춧가루 · 통깨를 넣어
기름에 볶아 준다.

## 콩나물무침
### 38kcal

**재료**
콩나물 · · · · · · · · · · · · · · · · ·60g
고춧가루 · · · · · · · · · ·1/2작은술
참기름 · · · · · · · · · · · · · · · · 약간
소금 · · · · · · · · · · · · · · · · · · 약간
다진 파 · · · · · · · · · · · · · · ·1작은술

**만들기**
❶ 콩나물은 삶아서 찬물에 씻어
물기를 빼 놓는다.
❷ 콩나물에 고춧가루 · 참기름 ·
소금, 다진 파를 넣어서 무친다.

Tip 콩나물에는 콩에는 없는 비타
민C가 풍부하여 감기 예방에
효과적이며, 사포닌과 아미노
산은 기력 회복에 좋다. 또한
뭉친 곳을 풀어 주는 발산 작
용이 강해 몸의 순환이 잘되도
록 돕는다.

### 칼로리를 낮춘 자연식 도시락
껍질콩에는 비타민이 풍부하며, 꾸준히 먹으면 기억력과 학습 능력이 증진된다. 또한 신경을 안정시
키는 효과가 있어서 수험생에게 도움이 되는 식품이다. 하지만 과식하면 위장에 가스가 차 소화가
어려울 수 있으므로 주의한다.
건강에 도움이 되는 천연 재료를 이용하여 칼로리가 높지 않으면서도 영양이 균형을 이룬 수험생 도
시락. 싱싱한 과일까지 곁들인 정성이 엿보인다.

502 kcal

40 분

# 도시락에 어울리는 건강 음료

## 바나나우유

체액과 신경 기능을 조절하는 칼륨과 섬유질이 풍부하다. 일반 우유로 만들면 저지방 우유에 비해 단맛이 강해지므로 단맛을 좋아한다면 기호에 맞게 일반우유를 사용한다.

- 재료 : 바나나 1개, 저지방 우유 200ml
- 만들기
❶ 바나나는 껍질을 벗겨 3~4등분한다.
❷ 믹서에 ①의 바나나와 우유를 넣고 30초 정도 갈아 준다.
❸ 지나치게 오래 갈면 거품이 많이 생겨 식감이 떨어지고, 우유와 바나나 분리 현상이 일어나므로 적당한 시간을 지켜 준다.

## 파인애플주스

파인애플에 풍부한 브로멜라인(bromelain)은 소화계의 활동을 돕는 단백질 소화 효소로, 황산화 작용과 에너지 생산에 중요한 역할을 한다.

- 재료 : 파인애플 1/4통(통조림 파인애플의 경우 2~3조각), 탄산수 300ml
- 만들기
❶ 파인애플은 꼭지와 밑둥을 잘라 내고 까만 가시가 남지 않도록 껍질을 세로로 벗긴다.
❷ 열 십자로 4등분한 뒤 심지를 잘라 낸다.
❸ ②의 파인애플과 탄산수를 믹서에 넣고 갈아 준다.

## 오렌지주스

소화 기관 및 심장을 건강하게 해 주는 섬유질이 풍부하다.

- 재료 : 오렌지 3개, 올리고당 적당량

● 만들기

❶ 오렌지는 물에 깨끗이 씻어서 겉껍질을 살짝 깎아 낸다. 껍질을 깨끗이 씻지 않으면 오렌지 표면에 있는 끈적거리는 이물질들이 함께 함께 들어가므로 반드시 깨끗하게 씻는다.

❷ 씻은 오렌지는 껍질을 벗겨 낸다.

❸ ②의 오렌지 중 1개를 속껍질을 한 번 더 벗겨 알맹이를 따로 담아 둔다.

❹ ②의 오렌지 2개를 주서기에 넣고 주스를 만든다.

❺ ③의 오렌지 알맹이를 주스에 섞으면 알맹이가 톡톡 터지는 주스가 완성된다.

❻ 그대로 먹는 것이 가장 좋지만, 맛이 유난히 시거나 단맛을 좋아한다면 기호에 맞게 올리고 당을 넣어 마신다.

## 사과요구르트주스

사과는 유기산이 풍부하여 피로 회복에 좋다. 또한 장내 유산균의 번식을 돕는 펙틴과 섬유질이 많아 장을 튼튼히 하는 데 도움이 된다. 요구르트를 함께 먹으면 정장 효과가 커지고 상큼한 신맛이 위를 자극해 식욕을 회복하는 데도 좋다.

● 재료 : 사과 2개, 플레인 요구르트 1팩, 레몬즙 1큰술
● 만들기

❶ 사과는 주서기에 넣고 즙을 내려 준다.

❷ 플레인 요구르트와 레몬즙을 사과주스와 함께 믹서에 넣고 가볍게 갈아 준다.

## 냉대추차

소화를 돕고 스트레스를 해소하고 지친 마음을 안정시키는 데 좋다.

● 재료 : 대추 30g, 감초 3개, 물 12컵
● 만들기

❶ 대추를 흐르는 물에 깨끗이 씻어 물기를 뺀다.

❷ 감초도 흐르는 물에 살짝 씻는다.

❸ 주전자에 물을 담고 대추와 감초를 넣어서 팔팔 끓인다.

❹ 한 번 팔팔 끓이고 난 뒤 약한 불에서 30분쯤 더 끓인다.

❺ 끓인 대추차를 식혀서 냉장고에 넣어 둔다.

## 매실주스

막힌 속을 뚫어 준다.

- 재료 : 매실 원액 1큰술, 물 1컵, 꿀 적당량
- 만들기
❶ 물 1컵에 매실 원액 1큰술을 넣고 저어 준다.
❷ 기호에 따라 꿀을 첨가하여 먹는다.

매실 원액 만들기
❶ 매실은 깨끗이 씻고 물기를 빼 준다.
❷ 물기가 완전히 빠지면 매실을 밀폐 유리병에 담는다.
❸ 매실과 설탕은 1 : 1 비율로 섞는다.
❹ 매실과 설탕은 유리병에 70~80%까지만 채운다. 발효가 진행되면서 넘칠 수 있다.
❺ 약 50일 동안 그대로 둔다.
❻ 매실이 쭈글쭈글해지면 건져 낸다. 지나치게 오랫동안 담가 두면 매실의 쓴맛이 우러나온다.
❼ 건져 낸 매실은 장아찌 등으로 사용한다.


## 도라지 감초차

도라지와 감초는 기침, 가래, 기관지염 등에 효과가 있다. 도라지는 섬유질이 풍부하고, 칼슘·
인·철분 등의 무기질이 들어 있다. 특히 도라지의 사포닌 성분은 기침과 천식에 효과적이며,
감초의 글리시리친 성분은 해독·진정 효과가 있어 피부염 해소에 도움이 된다. 대추를 함께 넣
어 끓여도 좋다.

- 재료 : 도라지 6뿌리, 감초 2개, 물 12컵
- 만들기
❶ 도라지는 깨끗이 씻어서 물기를 없앤다.
❷ 감초 2개, 물 12컵을 냄비에 넣고 약한 불에서 30분 정도 끓여 준다. (이때 도라지를 방망이로
  두들겨서 끓여도 좋다.)
❸ 물이 다 우러나오면 체에 거른다.

# PART 4

# 어린이를 위한 영양 도시락

예나 지금이나 소풍은 즐거운 경험이다. 매일 되풀이되는 도심 속 학교 공간에서 벗어나 다양한 체험을 하는 소풍날, 분위

기를 한층 즐겁게 해 주는 요소는 정성이 담긴 도시락이다. 성장기 자녀에게 필요한 영양을 알맞게 배분하여 먹기도 좋고

보기에도 좋으며 어린이의 신체 성장을 도와주는 도시락을 마련해 보자.

# 지단말이불고기김밥 / 과일감자매시드 / 쇠고기무국

## 지단말이불고기김밥

### ㅌ512kcal

**재료**

쌀 · · · · · · · · · · · · · · · · · · · · · · · · · 2컵
(밥양념 : 소금 · 참기름 · 깨소금약간)
김 · · · · · · · · · · · · · · · · · · · · · · · · · 3장
쇠고기(불고깃감) · · · · · · · · · 200g
(양념 : 간장 1큰술에, 다진 파 1작은술,
다진 마늘 1작은술, 생강즙 1/2작은
술, 후춧가루 약간, 참기름 · 깨소
금 · 설탕 2작은술씩)
오이 · 당근 · · · · · · · · · · · 1/2개씩
(양념 : 소금)
계란 · · · · · · · · · · · · · · · · · · · · · · 3개
(양념 : 소금 · 후춧가루 약간)
식용유 · · · · · · · · · · · · · · · · · 적당량

**만들기**

❶ 고슬하게 밥을 지어 소금, 참기
름, 깨소금으로 양념하여 식힌다.
❷ 쇠고기는 양념하여 재워 둔다.
❸ 오이는 돌려 깎아 채 썰어서 굵
은 소금으로 절여 물기를 꼭 짠다.
❹ 당근은 채 썰어 소금을 약간 넣
고 가볍게 볶아 식혀 놓는다.
❺ 중불에 팬을 달궈 ②의 쇠고기
를 볶아 식혀 놓는다.
❻ 김이 거친 면에 밥을 납작하게
편 뒤 볶은 쇠고기와 채소를 넣고
꼭꼭 눌러 만다.
❼ 계란은 풀어서 체에 한 번 내리

고 소금, 후춧가루로 간한 뒤 사각
팬에 식용유를 조금 두르고 얇게
지단을 부친다.
❽ 지단이 반쯤 익으면 ⑥의 김밥
을 올려 굴려 감싸 끝이 풀리지 않
도록 불 위에서 노릇하게 익힌다.
❾ 지단말이 김밥을 살짝 식힌 뒤
1cm 두께로 썬다.

## 과일감자매시드

### 108kcal

**재료**

감자(중) · · · · · · · · · · · · · · · · · · 3개
(양념 : 우유 1/3컵, 버터 1큰술, 소금
약간, 설탕 1큰술)
사과 · · · · · · · · · · · · · · · · · · · 1/2개
건포도 · · · · · · · · · · · · · · · · · · 1큰술

**만들기**

❶ 감자는 껍질째 찜통에 쪄서 뜨
거울 때 껍질을 벗겨 으깬 뒤 간한
다.
❷ 사과는 잘게 다지고 감자와 섞
어 으깬다.
❸ 감자를 스쿠퍼로 떠 담고 위에
잘게 다진 건포도를 얹는다.

## 쇠고기무국

### 77kcal

**재료**

쇠고기 · · · · · · · · · · · · · · · · · · 100g
무 · · · · · · · · · · · · · · · · · · · · · · 200g
대파 · · · · · · · · · · · · · · · · · · · · 10cm
다진 마늘 · · · · · · · · · · · · · · · 1큰술
참기름 · · · · · · · · · · · · · · · · 1작은술
맛술 · · · · · · · · · · · · · · · · · · · 1큰술
국간장 · · · · · · · · · · · · · · · · · 2큰술
소금 · 후춧가루 · · · · · · · · 약간씩

**만들기**

❶ 쇠고기는 얇게 썰어 핏물을 닦
은 뒤 얇게 나박나박 썰고, 대파는
어슷 썬다.
❷ 냄비에 참기름을 두르고 쇠고기
를 넣어 볶다가 맛술을 넣어 다시
볶는다.
❸ ②에 물을 붓고 뚜껑을 덮어 끓
이면서 생기는 고기 거품은 걷어
준다.
❹ 5분 정도 끓이다가 중간 불로
줄여 무와 대파를 넣고 무가 말갛
게 익을 때까지 더 끓인다.
❺ 다진 마늘, 국간장, 소금으로 간
을 맞추고 후춧가루를 넣는다.

---

**편식을 예방하는 도시락**

감자는 칼륨과 마그네슘이 많이 함유되어 있어 성장기 어린이에게 좋다. 쇠고기무국을 곁들여 먹으
면 매우 훌륭한 점심 도시락이 된다.

✻ 시중에서 나무 느낌이 나는 원형 도시락을 구하여 김밥을 담고, 앙증맞은 플라스틱 컵에 매시드와
쇠고기국을 담는다. 국물이 흐르지 않도록 신경을 써서 담는다.

697 kcal　45 분

# 버섯토마토푸실리 / 식빵비스크 / 양배추피클

## 버섯토마토푸실리

### 266kcal

**재료**

푸실리·····················200g
소금·····················약간
양송이·····················5개
느타리·····················30g
마늘·····················2톨
양파·····················14개
방울토마토·················5개
화이트 와인·················1/4컵
올리브유·················2큰술
＊양념 : 씨머스터드 2작은술, 레
몬즙 1큰술, 파슬리 가루 1작은술,
소금·후춧가루·설탕 약간씩, 올
리브유 2큰술

**만들기**

❶ 양송이는 껍질을 벗겨 모양대로
얇게 썰고, 느타리는 머리 부분만
4cm 크기로 썰어 준비한다.
❷ 마늘은 얇게 저미고, 양파는 가
늘게 채썬다.
❸ 방울토마토는 꼭지를 떼고 끓는
물에 살짝 데친 뒤 찬물에 헹궈 껍
질을 벗긴다.
❹ 팬에 올리브유를 두르고 마늘
슬라이스와 양파를 넣고 투명하게
될 때까지 볶는다.
❺ ④에 양송이와 느타리를 넣어서
10분 정도 볶다가 화이트 와인을
넣어 센 불에서 볶는다.
❻ 냄비에 물을 끓여 소금을 넣고
푸실리를 삶아 준비한다.
❼ 버섯을 볶던 팬에 삶은 푸실리
를 넣고 분량의 양념을 넣어서 골
고루 버무려 맛을 낸다.
❽ 완성된 푸실리는 식혀서 은박
도시락에 담는다. 넉넉하게 담을
수 있도록 깊이 있는 것이 좋다.

## 식빵비스크

### 220kcal

**재료**

식빵·····················2장
파르메산 치즈 가루·········1큰술
파슬리 가루···············1작은술
마늘·····················1톨
올리브유·················적당량

**만들기**

❶ 식빵은 가장자리를 잘라내고 3
등분한다.
❷ 올리브유에 마늘을 넣고 마늘향
이 날 때 불을 불을끈다.
❸ 식빵에 마늘 기름을 바르고 200
℃로 예열한 오븐에서 앞뒤로 노릇
하게 구워 준다.
❹ 파르메산 치즈 가루, 파슬리 가
루를 뿌려 완성한다.

## 양배추피클

### 48kcal

**재료**

통조림 옥수수···············1/2컵
양배추·적채···············1/4통씩
당근·····················1/4개
파슬리 가루···············1/2작은술
＊절임 식초 : 식초·설탕 1/3컵씩,
물 1/2컵, 소금 1/2작은술, 통후추
2~3알, 월계수잎 1장

**만들기**

❶ 양배추와 적채는 한 장씩 떼어
씻은 뒤 채 썰고, 당근도 채 썰어
준비한다.
❷ 냄비에 절임 식초 재료를 넣고
살짝 끓여 설탕이 녹으면 볼에 담
아 식힌다.
❸ 유리병에 ①과 절임 식초를 넣
고 하루 동안 담가 둔다.
❹ 국물이 새지 않게 뚜껑이 있는
병에 담아서 도시락 가방에 넣어
주면 좋다.

---

**아이들이 좋아하는 눈높이 도시락**
모양이 특이해서 특히 어린아이들에게 인기 있는 푸실리. 버섯과 토마토 등 영양을 골고루 섭취할
수 있는 채소가 들어간 버섯토마토푸실리와 식빵비스크는 아이들이 좋아하는 음식이다.

534 kcal

25 분

홍미를 끌어 점심시간에 색다른 즐거움을 주는 캐릭터 주먹밥
도시락을 여는 순간 아이들이 즐거워하는 모습을 상상하게 된다.
"우와~ 내 얼굴이다, 하하하."
아이들이 좋아하는 '키티'와 '호빵맨'에도 도전해 보자.

**370** kcal

**15** 분

# 캐릭터김치주먹밥

## 재료
밥 · · · · · · · · · · · · · · · · · · 1공기
김치 · · · · · · · · · · · · · · · · 1토막
애호박 · · · · · · · · · · · · · · 1/4개
양파 · · · · · · · · · · · · · · · · 1/4개
새송이 · · · · · · · · · · · · · · · · 2개
스팸 · · · · · · · · · · · · · · · · 1/4통
깻잎 · · · · · · · · · · · · · · · · · · 5장
소금 · · · · · · · · · · · · · · · · · · 약간
올리브유 · · · · · · · · · · · · · 적당량
참기름 · · · · · · · · · · · · · · · 적당량
통깨 · · · · · · · · · · · · · · · · · 적당량

## 만들기
❶ 적당히 익은 김치는 소를 털어내고 송송 썰어서 준비한다.
❷ 애호박, 양파, 새송이, 스팸을 김치와 같은 크기로 곱게 다진다.
❸ 깻잎은 깨끗이 씻어 물기를 털고 가늘게 채 썰어 놓는다.
❹ 달군 팬에 올리브유를 두르고 다진 양파와 소금을 약간 넣고 볶는다.
❺ 준비해 놓은 다른 재료와 김치도 같은 방법으로 팬에 볶는다.
❻ 볼에 밥 1공기와 볶아 놓은 재료를 담고 참기름과 통깨를 뿌려 잘 비빈다.
❼ 적당한 분량의 밥을 동그랗게 뭉쳐 주먹밥 모양을 만든다.
❽ 도시락 통에 채 썬 깻잎을 담고 그 위에 김치주먹밥을 올린다.
❾ 어린이들이 좋아할 만한 캐릭터 모양으로 모양을 낸다.

Tip 주먹밥을 만들 때는 기름을 최소량으로 사용한다. 기름이 지나치게 많으면 밥이 뭉쳐지지 않는다.

# 마늘종오므라이스

## 재료
밥·······················1공기
마늘종·····················4대
계란·······················3개
당근·····················1/4개
양파·····················1/4개
다진 쇠고기 ···············50g
굴 소스···················2큰술
올리브유 · 소금 ········1작은술
후춧가루···················약간

## 만들기
① 마늘종은 깨끗이 씻어 물기를 없애고 1cm 길이로 썬다.
② 계란은 알끈을 제거하고 곱게 푼 뒤 소금, 후춧가루로 가볍게 간한다.
③ 당근과 양파는 사방 0.5cm 크기로 자른다.
④ 팬에 올리브유를 두르고 양파를 넣어 볶다가 다진 쇠고기와 마늘종, 당근을 넣고 볶는다.
⑤ 굴 소스 2큰술을 넣고 밥 1공기를 넣어 자르듯이 볶는다.
⑥ 다른 팬에 기름을 약간 두르고 계란을 부어 둥글게 지단을 부친다.
⑦ 지단 가운데에 볶음밥을 얹고 양 옆을 싼 다음 접시를 덮고 거꾸로 받아내 오므라이스를 완성한다.
⑧ 케첩을 살짝 뿌려 주어도 좋다.
⑨ 후식으로 주스나 과일을 함께 담아 준다.

**628 kcal**　　**20 분**

채소를 싫어하는 아이들에게 좋은 도시락
녹황색 채소로 분류되는 마늘종은 비타민C가 풍부하다. 채소를 먹지 않아 비타민이 부족해지기 쉬운 아이들에게 마늘종을 넣은 오므라이스는 매우 좋은 요리법이다.
아이들이 좋아하는 색인 노란색 오므라이스에 후식으로 과일까지 챙겨 주는 엄마의 센스를 발휘해 보자.

# 후리카케날치알주먹밥 / 계란채소샐러드

## 후리카케날치알주먹밥
### 319kcal

**재료**

쌀 · · · · · · · · · · · · · · · · · · · · 2컵
후리카케 · · · · · · · · · · · · · · 3큰술
날치알 · · · · · · · · · · · · · · · · · 20g
참기름 · · · · · · · · · · · · · · · · · 1큰술
검은깨 · · · · · · · · · · · · · · · · 1작은술

**만들기**

❶ 쌀을 물에 30분 정도 불려 고슬 밥을 지은 뒤 밥이 뜨거울 때 후리 카케와 참기름, 검은깨를 넣어 섞 는다.

❷ 밥을 한입 크기의 양을 덜고 속 에 날치알을 넣고 오므려 동글게 모양을 낸다.

## 계란채소샐러드
### 220kcal

**재료**

베이비 채소 · · · · · · · · · · · · · 50g
계란 · · · · · · · · · · · · · · · · · · · · 2개
✽드레싱 : 오렌지즙 1/4컵, 설탕 약간, 레몬즙 1큰술, 플레인 요구 르트 1/2팩

**만들기**

❶ 베이비 채소는 찬물에 담갔다가 체에 밭쳐 물기를 뺀다.

❷ 계란은 삶아서 껍질을 벗긴 뒤 0.5cm로 슬라이스하여 채소에 섞 는다.

❸ 분량의 재료로 드레싱을 만들어 별도의 용기에 넣어 먹을 때 즉석 에서 뿌려 먹는다.

---

**아이들이 좋아하는 주먹밥 도시락**

채소를 좋아하지 않는 아이들에게 플레인 요구르트 드레싱을 뿌려 먹음직스럽게 만들었다.

밥과 함께 아이들이 좋아하는 삶은 계란을 샐러드를 넣어 주자. 아름다운 색깔은 입맛을 돋워 주는 효과가 있다.

간편한 일회용 도시락에 아기자기하게 담아 보자. 드레싱을 미리 뿌려 놓으면 채소에서 물이 생겨 맛도 없어지고 모양도 흐트러져 예쁘지 않다.

# 베이컨감자말이꼬치 / 흑미유부초밥 / 복숭아요거트

## 베이컨감자말이꼬치

### 428kcal

**재료**

감자······················2개
베이컨·····················6줄
굵은 소금 ···············2큰술
파슬리(다진 것)·········1큰술
후춧가루 ·················약간

**만들기**

❶ 감자는 껍질을 벗기고 8등분하여 모서리를 둥글게 정리해 놓는다.

❷ 끓는 물에 굵은 소금과 감자를 넣고 끓이다가 감자가 반 정도 익으면 채반에 밭쳐 물기를 빼준다.

❸ 베이컨에 다진 파슬리와 후춧가루를 약간 뿌린 뒤 데친 감자에 돌돌 말아 이쑤시개로 고정한다.

❹ 230℃로 예열한 오븐에 넣어 15～20분 정도 갈색이 나도록 잘 굽는다. (중간에 한 번 뒤집어 주어 양면으로 노릇하게 굽는다.)

## 흑미유부초밥

### 531kcal

**재료**

흑미밥 ···················2공기
시판용 유부···············1팩

**만들기**

❶ 유부는 손바닥으로 살짝 눌러 조미액을 짜서 따로 보관한다.

❷ 고슬하게 지은 흑미밥에 단촛물과 유부 조미액 3큰술을 넣고 양념한다.

❸ 유부에 양념밥을 넣어 모양을 잡는다.

## 복숭아요거트

### 100kcal

**재료**

플레인 요거트 ···········1개
통조림 복숭아 ···········2개
꿀·····················1작은술

**만들기**

❶ 복숭아는 1cm 크기로 잘라 준비한다.

❷ 요거트에 꿀 1작은술을 넣고 썰어 놓은 복숭아를 넣으면 완성된다.

Tip 어린이 소화 불량에는 삶은 감자를 으깨어 물을 부어 물이 반 정도 줄을 때까지 끓인 뒤 마시게 하면 좋다.

---

**아이들 입맛에 맞는 요거트 도시락**

아이들이 잘 먹지 않는 흑미밥을 유부에 넣어 초밥을 만들면 편식하는 어린아이들도 잘 먹는다.
감자는 어떤 음식과 함께 조리해도 맛있으며, 많이 먹으면 건강 체질로 바꿔 주는 식품이다. 한창 자라는 어린이들이 많이 먹으면 골격과 체력이 강해진다.

**1,059** kcal

**30** 분

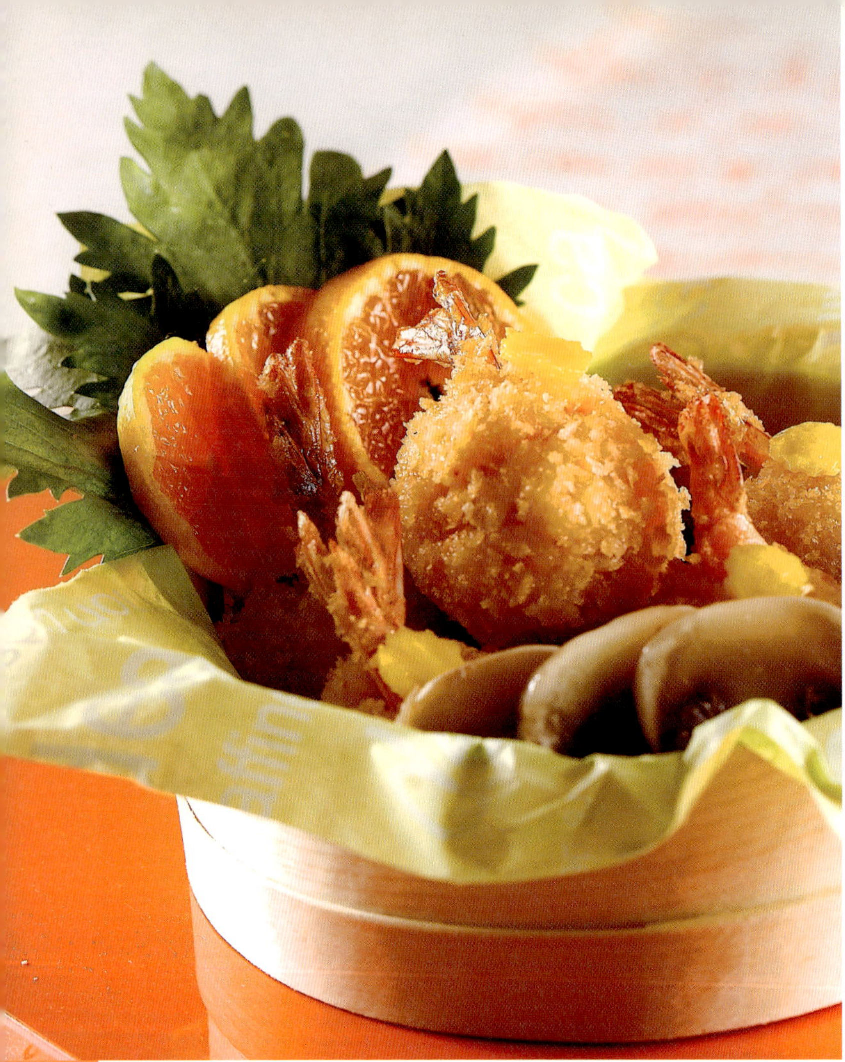

소풍 가는 아이를 위한 새우 도시락

10~11월에 제철인 싱싱한 새우는 뼈를 튼튼하게 해 준다.
소풍 가는 아이들 도시락에 새우 크로켓을 만들면 엄마의 정성이 듬뿍 들어가는 도시락이 될 것이다.
기름기 제거를 위해 기름종이를 까는 것을 잊지 말자.

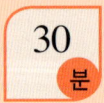

951 kcal　30 분



# 볶음밥새우크로켓

재료

중하 ··· 10마리
밥 ··· 1공기
칵테일새우 ··· 30g
당근 ··· 1/4개
양파 ··· 1/3개
깻잎 ··· 6장
식용유 ··· 적당량
소금 · 후춧가루 ··· 약간씩
*튀김옷 : 밀가루, 빵가루 적당량, 계란 1개

만들기

1. 중하는 소금을 넣고 끓인 물에 머리와 꼬리를 젓가락으로 고정해 펴서 데친다. 그냥 데치면 새우가 둥글게 말려 모양이 예쁘게 나오지 않는다.
2. 데친 중하는 머리와 껍질을 까서 준비한다.
3. 칵테일새우와 당근, 양파, 깻잎을 다진다.
4. 팬에 기름을 살짝 두른 뒤 양파와 당근을 넣고 소금과 후춧가루로 간하여 살짝 볶는다.
5. ④에 다진 새우와 깻잎, 밥과 굴소스, 케첩을 넣어 고루 볶는다. (볶음밥 양념은 기호에 맞게 조절한다. 간장, 칠리 소스, 카레 가루 등을 넣어도 된다.)
5. 중하에 밀가루를 가볍게 묻힌 뒤 볶음밥을 한입 크기로 뭉쳐 놓는다.
6. 밀가루 → 계란 → 빵가루순으로 옷을 입혀 중불에서 기름에 튀긴다.
7. 기름기를 뺀 뒤 도시락에 담는다.

# 참치누드김밥

## 재료

쌀 · · · · · · · · · · · · · · · · · · · · · · 2컵
(양념 : 참기름 2작은술, 소금 1작은술)
김 · · · · · · · · · · · · · · · · · · · · · 2장
김밥용 단무지 · · · · · · · · · · · 2줄
오이 · · · · · · · · · · · · · · · · · · · · 1개
당근 · · · · · · · · · · · · · · · · · · 1/4개
계란 · · · · · · · · · · · · · · · · · · · · 1개
참치 · · · · · · · · · · · · · · · · · · · 1캔
마요네즈 · · · · · · · · · · · · · · · 1큰술
굵은 소금 · · · · · · · · · · · · · · 1큰술
깨소금 · · · · · · · · · · · · · · · · · · 약간

## 만들기

❶ 고슬하게 지은 밥을 참기름과 소금으로 간한 뒤 식혀 둔다.

❷ 오이는 굵게 돌려 깎고 소금을 뿌려 절였다가 물기를 꼭 짠다.

❸ 당근은 채 썰고 달군 팬에 기름을 두르고 살짝 볶으면서 소금으로 간하여 식힌다.

❹ 계란은 풀어서 소금을 약간 넣고 도톰하게 지단을 부쳐 단무지 크기로 썬다.

❺ 참치는 기름을 쫙 빼고 마요네즈를 섞어 놓는다.

❻ 김발에 밥을 넓게 깔고 김을 올린 뒤 준비한 재료를 넣고 꼭꼭 눌러 만다.

Tip 누드김밥을 그냥 썰어 놓아도 좋지만 리본을 예쁘게 묶은 꽃이에 김밥을 한 개씩 꽂아 놓으면 모양도 예쁘고 먹기에도 편하다. 밥을 할 때 다시마나 가스오부시를 조금 넣어서 밥을 지으면 감칠맛이 난다.

570 kcal    30 분

### 아이들 손이 쏙쏙 가는 누드 김밥

꽂이에 꽂아 먹기도 편한 참치누드김밥을 일회용 종이 도시락에 담아 오렌지 주스와 함께 담아 주었다.
김밥 종류가 다양해지면서 이이들 입맛도 따라서 다양해지고 있다. 같은 재료를 이용해서 틀에 박힌 김밥 대신 먹는 재미를 다양하게 느낄 수 있도록 조금만 더 신경 씨 보자.

# 과일샌드위치 / 꽁지김밥

## 과일샌드위치

### 422kcal

### 재료

식빵 · · · · · · · · · · · · · · · · · 2장
고구마 · · · · · · · · · · · · · · · 2개
방울토마토 · · · · · · · · · · · 5개
키위 · · · · · · · · · · · · · · · · · 2개
생크림 · · · · · · · · · · · · · 3큰술
소금 · 흰후춧가루 · · · · · · 약간씩

### 만들기

❶ 고구마는 껍질을 벗겨 김이 오른 찜통에 10분 정도 찐다.
❷ 찐 고구마에 생크림 3큰술을 넣고, 소금과 후춧가루로 가볍게 간하고 곱게 으깬다.
❸ 방울토마토는 씻어서 꼭지를 따고 키위는 껍질을 벗겨 4등분한다.
❹ 식빵은 가장자리를 잘라내고 밀대로 한 번 밀어 준다.
❺ 식빵을 3등분하여 양쪽에는 고구마샐러드를 채우고, 중앙에는 과일을 넣고 말아 준다.
❻ 과일의 중앙 부분을 조심스레 잘라서 과일이 윗부분으로 나오게 세우면 완성된다.

## 꽁지김밥

### 348kcal

### 재료

쌀 · · · · · · · · · · · · · · · · · 1컵
(밥 양념 : 참기름 2작은술, 소금 1/2 작은술)
당근 · · · · · · · · · · · · · · · · 1개
오이 · · · · · · · · · · · · · · · · 1개
단무지 · · · · · · · · · · · · · · 4개
맛살 · · · · · · · · · · · · · · · · 4개
햄 · · · · · · · · · · · · · · · · · 4개
계란 · · · · · · · · · · · · · · · · 3개
김 · · · · · · · · · · · · · · · · · 3장
참기름 · · · · · · · · · · · · · 2작은술
소금 · 통깨 · · · · · · · · · · · · 약간

### 만들기

❶ 쌀을 30분 정도 물에 불려 고슬하게 밥을 지은 뒤 참기름과 소금을 넣어 섞어서 식힌다.
❷ 당근은 15cm 길이로 채 썰어 소금을 넣고 팬에 한 번 볶아서 식힌다.
❸ 오이는 15cm 길이로 껍질 부분만 썰어 소금에 절여 물기를 짠다.
❹ 단무지, 맛살, 햄은 길게 반을 가르되, 길이는 15cm로 맞춘다.
❺ 계란은 도톰하게 계란말이하여 길이로 4등분한다.
❻ 김은 열 십자로 4등분한다.
❼ 김발에 김을 올리고 밥을 얇게 편 뒤 준비한 재료를 모두 넣고 돌돌 만다.

❽ 김밥 위에 참기름을 바르고 통깨를 뿌려 완성한다.

탄수화물이 꼭 필요한 어린이들에게 골고루 먹을 수 있는 김밥과 식빵을 이용한 도시락 세트 아이들이 좋아하는 김밥을 작고 먹음직스럽게 만든 도시락. 먹기 좋은 롤 샌드위치와 함께 먹으면 매우 맛있는 도시락이 된다.

770 kcal

45 분

# 도시락에 맛과 멋을더해 주는 포장법

### 리본 하나만 있으면 일회용 도시락이 무한 변신

을지로 방산시장이나 남대문시장 등에서 저렴한 가격으로 구입할 수 있다. 대형 문구점에서도 판매하므로 쉽게 구입하여 활용할 수 있다.

### 리본 장식으로 꾸민 3단 도시락

여러 개의 도시락을 한 번에 들 수 있는 장점이 있고, 자칫 단조로울 수 있는 분위기를 멋스럽게 바꿔 준다.

### 친환경 종이 도시락

일회용 종이 도시락에 사랑의 메시지를 담은 메모지를 붙여 따뜻한 사랑을 전달해 보는 것은 어떨까? 환경 호르몬이 나오지 않는 웰빙 도시락이다.

### 원형도시락

색이 고운 보자기나 조각천을 활용하여 도시락을 포장한다. 정갈하면서도 추억의 도시락 분위기가 물씬 풍기므로, 집안 어른이나 이웃에게 전하는 선물용 도시락으로 제격이다.

# PART 5

# 부모님을 위한 건강 도시락

웰빙 분화가 정착되면서 등산이나 자전거를 타는 등 야외 활동을 즐기는 부모님들이 늘고 있다. 도심이나 도시 근교의 험하

지 않은 산으로 등산을 즐기러 가는 부모님을 위한 도시락 메뉴는 어떻게 구성하는 것이 좋을까? 아무래도 어른들은 연세

가 있으시다 보니 야외 활동으로 인한 체력 소모가 크고, 그로 인한 피로를 쉽게 느낄 수 있다. 신체 활동으로 부족해진 수분

과 영양을 보충할 수 있으면서 어른들의 입맛에 잘 맞는 간편한 도시락을 마련해 보자.

몸을 가볍게 만들고 영양은 풍부한 브로콜리강회 도시락

백내장 발병률을 저하시키고 다른 영양소도 풍부한 브로콜리를 초고추장과 함께 도시락에 담아 보자.

＊탄수화물과 비타민 1회 섭취 분량에 미치지 못하지만 우유나 치즈 한 장을 곁들인다면 영양소가 골고루 섭취될 것이다.

＊칼로리 : 브로콜리강회 95kcal / 흰 쌀밥 300kcal

**395** kcal

**15** 분

# 브로콜리강회

### 재료

브로콜리·················1개
버섯····················3개
쪽파···················2뿌리
＊초고추장 : 고추장 1큰술, 식초 1/2큰술, 설탕 1/2큰술

Tip 고추장이 될 경우, 사이다를 적당량 넣으면 시원하면서도 톡 쏘는 맛이 난다.

### 만들기

❶ 브로콜리는 꽃송이대로 가닥가닥 잘라서 끓는 물에 소금을 넣고 살짝 데친다.
❷ 버섯과 쪽파도 깨끗하게 손질하여 데쳐 준다.
❸ 브로콜리와 버섯을 포갠 뒤 쪽파로 돌돌 말아 준다.
❹ 초고추장을 곁들여 도시락에 밥과 함께 담는다.

Tip 후식으로 빈혈 개선 효과가 좋은 바나나호두두유를 마시면 좋다.
바나나호두두유 만들기 : 바나나 2개, 호두 5알, 두유 2컵을 믹서에 넣고 간다.

# 미역쌈주먹밥

## 재료

밥·······················1공기
불린 미역 ··············300g
단무지···················30g
김치 ····················50g
들기름·················약간

## 만들기

① 미역은 끓는 물에 데쳐 찬물에 담가 건져 물기를 뺀다.
② 김치는 들기름을 살짝 넣고 볶아 준다.
③ 단무지는 다져서 준비한다.
④ 밥에 볶은 김치와 단무지를 넣고 동그랗게 만든다.
⑤ 밥을 미역으로 감싸 준다.

Tip 반찬으로 삶은 메추리알과 단무지를 곁들이면 깔끔하게 먹을 수 있는 영양식이 된다.
간편한 일회용 도시락에 담으면 등산 가방에 넣어도 무겁지 않다.

**498** kcal  **20** 분

### 일상 속 흔한 식품 미역으로 만드는 맛쌈

장운동을 원활하게 함으로써 직장암 예방 효과가 있는 미역은 피부 노화 예방에 좋다. 평소 반찬으로도 많이 먹는 미역을 쌈으로 활용해 입맛을 돋우는 주먹밥 도시락을 만들었다. 신체 각 기관의 기능을 조절하고, 신경 안정에 도움이 되는 무기질 음식인 미역으로 정성스런 도시락을 만들어 보자.
＊칼로리 : 미역 40kcal
/ 주먹밥 458kcal

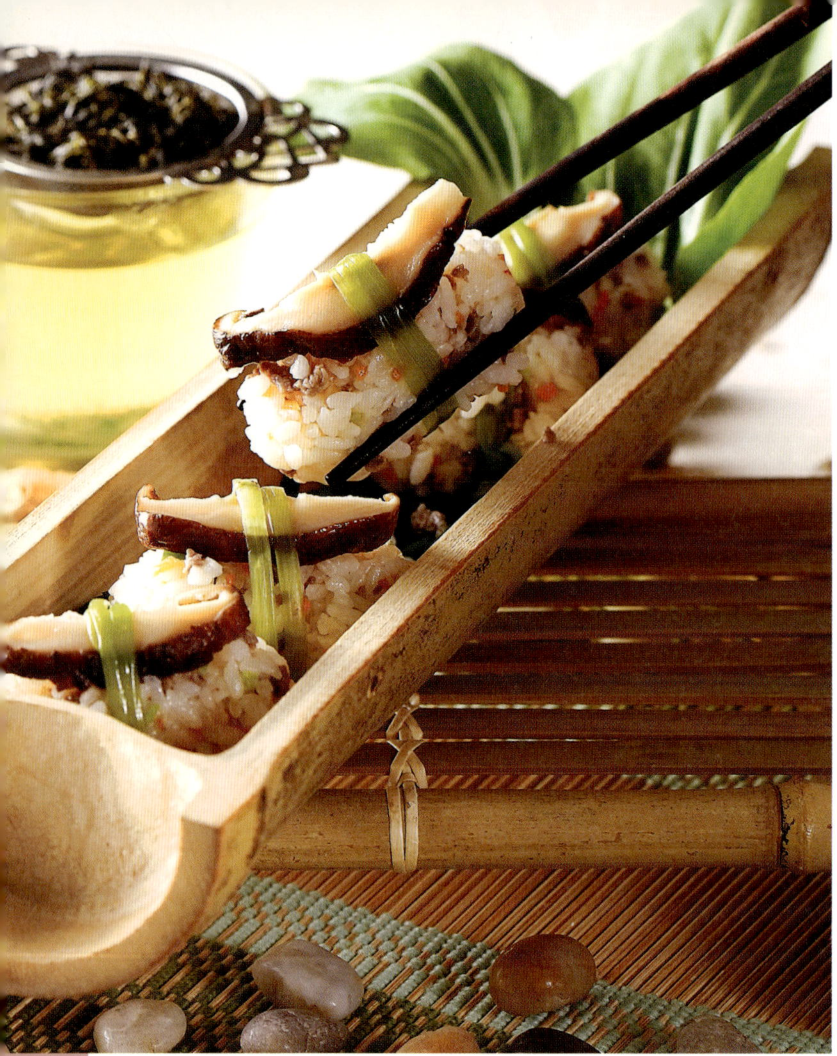

찬밥과 표고로 만드는 건강 도시락

골다공증 예방 효과가 뛰어나고, 당뇨나 고혈압 등의 생활습관병 개선에 좋으며, 기를 보충해 주는 표고와 주먹밥을 묶어서 도시락을 만들었다.
조금만 정성을 들이면 모양과 영양이 만점인 도시락을 만들 수 있다.
＊칼로리 : 삶은 표고 26kcal / 볶음밥 479 kcal

505 kcal

20 분



# 표고주먹밥

재료

밥 ······ 1공기
(양념 : 참기름 1큰술, 소금 1/2작은술)
마른 표고 ······ 3개
(양념 : 진간장 3큰술, 다시마 우린 물 3큰술, 맛술 2큰술)
다진 쇠고기 ······ 100g
(양념 : 진간장 · 청주 1큰술씩, 설탕 · 참기름 1작은술씩, 후춧가루 약간)
다진 오이 · 다진 당근 ··· 2큰술씩
미나리 ······ 10줄기
참기름 ······ 약간

만들기

❶ 표고를 물에 불려 부드러워지면 양념을 넣고 조린다.
❷ 다진 쇠고기는 양념에 20분 정도 재워 국물 없이 볶다가 오이와 당근을 색깔만 날 정도로 섞어 볶아 준다.
❸ 고슬고슬하게 지은 밥을 소금과 참기름으로 밑간하고 ②를 섞는다.
❹ ①의 표고는 0.5mm 두께로 슬라이스하여 참기름에 무친다.
❺ ③의 밥을 주먹밥 틀을 이용하여 표고를 얹을 만한 크기로 만들어 놓는다.
❻ 미나리는 끓는 물에 데쳐 참기름을 넣고 무친다. 도마 위에 미나리 줄기 하나를 깐 다음, 주먹밥을 올려놓고 그 위에 표고를 얹은 뒤 묶는다.

Tip 표고는 조린 다음 참기름을 넣고 무쳐 주어야 윤기가 감돌며, 향기와 맛이 좋다. 버섯 대신 계란 지단을 노랗게 부쳐 직사각 모양으로 잘라 얹어 주어도 좋다.

# 한국식불고기

## 재료

쇠고기 · · · · · · · · · · · · · · · · · 150g
(고추장 양념 : 고추장 1큰술, 설탕 1
큰술, 다진 마늘 1큰술, 다진 파 1큰
술, 참기름 1작은술, 후춧가루 약간)
마른 표고 · · · · · · · · · · · · · · · 5개
파프리카 · · · · · · · · · · · · · · · 1/2개
새송이 · · · · · · · · · · · · · · · · · 1개
오이 · · · · · · · · · · · · · · · · · · 1/3개

## 만들기

① 쇠고기는 얇게 저민다.
② 표고는 따뜻한 물에 불려 채 썬다.
③ 쇠고기는 양념을 넣고 버무려 2시간 정도 재웠다가 프라이팬에 볶는다.
④ 밥 위에 불고기를 얹고, 파프리카와 새송이, 오이를 얇게 저며 곁들인다.

Tip 매운맛을 완화시킬 수 있는 시원한 매실 음료를 후식으로 마시면 더 좋다.
등산용 도시락을 쌀 때는 불고기 국물이 새지 않도록 도시락 담기에 유의해야 한다.

**685** kcal  **25** 분

### 매콤한 고추장 양념으로 입맛을 자극하는 도시락

불고기와 버섯으로 맛있는 야외 도시락. 아삭함을 더하는 파프리카가 불고기와 매우 잘 어울리며 야외에서 부족한 수분과 열량을 채워준다. 불고기와 녹황색 채소, 버섯까지 입 안 가득 즐거움이 가득한 도시락이다. 단백질이 풍부한 쇠고기와 무기질이 풍부한 채소를 함께 섭취함으로써 온몸에 활력이 생긴다.

# 케이준치킨가지튀김

## 케이준치킨가지튀김
### 600kcal

**재료**
닭 안심 · · · · · · · · · · · · · · · · ·5개
(양념 : 소금 · 후춧가루 적당량)
가지 · · · · · · · · · · · · · · · · · · · ·1개
(양념 : 소금 · 후춧가루 적당량)
계란 · · · · · · · · · · · · · · · · · · · ·1/2개
＊튀김옷 : 옥수수 전분 1큰술, 박
력분 · 빵가루 4큰술씩, 소금 · 고
춧가루 1작은술씩, 후춧가루 약간

**만들기**
❶ 닭 안심은 힘줄을 제거하고 4~
5등분한 뒤, 소금과 후춧가루를 약
간 뿌려 간해 놓는다.
❷ 가지는 슬라이스하여 소금과 후
춧가루를 약간 뿌려 놓는다.
❸ 튀김옷 재료를 골고루 섞는다.
❹ 닭안심 → 가지 → 계란순으로
튀김옷을 묻혀 170℃의 튀김 기름
에 튀긴다.
❺ 튀긴 치킨과 가지는 기름기를
제거하고 도시락에 담는다.

Tip 생가지를 얇게 저며서 얼굴에
붙이면 주근깨도 없어지고 피
부 노화 방지에 좋다.

## 핫베이컨드레싱
### 121kcal

**재료**
베이컨 · · · · · · · · · · · · · · · · · ·2장
양파 · · · · · · · · · · · · · · · · · · ·1/4개
밀가루 · · · · · · · · · · · · · · · · · ·1큰술
버터 · · · · · · · · · · · · · · · · · · · ·1큰술
닭 육수 · · · · · · · · · · · · · · · · ·1.5컵
사과 식초 · · · · · · · · · · · · · · · ·6큰술
머스터드 · · · · · · · · · · · · · · · ·1/4컵
설탕 · · · · · · · · · · · · · · · · · · ·1/2컵
마요네즈 · · · · · · · · · · · · · · · · ·1컵
소금 · · · · · · · · · · · · · · · · ·1/4작은술
후춧가루 · · · · · · · · · · · · · · · · ·약간

**만들기**
❶ 팬에 버터를 녹인 뒤, 베이컨을
잘라 넣고 중간 불에서 충분히 익
을 정도로 볶는다.
❷ 잘게 썬 양파를 넣고 부드러워
질 때까지 볶다가 밀가루 1큰술을
넣고 약한 불에서 볶는다.
❸ 불을 낮추고 볶은 재료에 닭 육
수를 조금씩 넣어 주면서 덩어리가
없도록 잘 푼다. (닭 육수 대신 치킨
스톡 1개를 풀어 사용해도 된다.)
❹ 사과 식초, 머스터드, 설탕, 마
요네즈를 분량대로 넣어 거품기로

잘 저어 푼다.
❺ 중간 불에서 끓기 직전까지 가
열한다. 소금과 후춧가루로 마무
리하고 뜨거운 상태로 낸다.

**고소하고 바삭한 튀김이 먹고 싶을 때 좋은 닭튀김**
단백질이 풍부한 닭 안심과 탄수화물과 식이섬유가 풍부하며 피를 맑게 해 주는 여름 채소 가지를
튀겨서 도시락 반찬으로 만들었다. 닭고기에 튀김옷을 입혀 바삭하고 고소하게 튀긴 뒤 완전히 식혀
서 눅눅해지지 않도록 마른 도시락에 담아 보자. 샐러드를 곁들여 먹으면 느끼함이 덜할 것이다.
＊단백질은 근육, 뼈, 혈액 등 신체 조직의 구성하는 성분이다.
＊천연 색소인 안토시아닌이 풍부한 가지는 혈액 순환 촉진, 시력 증진 등의 효능이 있는 블랙 푸드
이다.

# 양배추찜쌈밥 / 볶음밥

## 양배추찜
### 17kcal

**재료**

양배추 · · · · · · · · · · · · · · · · 1/4통

**만들기**

❶ 양배추는 단단한 밑동을 칼로 도려낸 뒤 밑동 부분에 끓는 물을 부어 잠시 두었다가 1장씩 떼어 낸다. 양배추를 잘 씻은 뒤 면보를 깐 찜통에 김이 오르면 7분 정도 살캉하게 쪄서 채반에 건져 놓는다.

❷ 너무 오래 찌면 흐물흐물해져서 맛이 없다.

Tip 양배추 밑동을 칼로 도려낸 뒤 밑동 부분에 끓는 물을 부어 잠시 두면 잎을 1장씩 떼어 낼 때 결이 찢어지지 않고 잘 뜯어진다.

## 강된장
### 60kcal

**재료**

된장 · · · · · · · · · · · · · · · · 5큰술
고추장 · · · · · · · · · · · · · · 2큰술
돼지고기 · · · · · · · · · · · · 100g
양파 · · · · · · · · · · · · · · · · 1/2개
애호박 · · · · · · · · · · · · · · 1/2개
표고 · · · · · · · · · · · · · · · · · · 5개
청양고추 · · · · · · · · · · · · · · 3개
고춧가루 · · · · · · · · · · · · 1큰술

**만들기**

❶ 돼지고기를 참기름에 볶아 놓는다.

❷ 양파 · 호박 · 표고를 참기름에 볶는다.

❸ 뚝배기에 물을 자작하게 붓고 된장과 고추장을 풀어서 국물이 줄어들게 끓인다.

❹ 마지막에 청양고추와 고춧가루를 넣고 바글바글 끓인다.

## 볶음밥
### 476kcal

**재료**

밥 · · · · · · · · · · · · · · · · · · 1공기
파프리카 · · · · · · · · · · · · 1/2개
옥수수콘 · · · · · · · · · · · · 3큰술
소금 · · · · · · · · · · · · · · · 1작은술
올리브유 · · · · · · · · · · · · 1큰술

**만들기**

❶ 파프리카는 잘게 썰어 놓는다.

❷ 팬에 올리브유를 두르고 밥과 파프리카, 옥수수콘을 넣고 볶아 준다.

## 양배추찜쌈
### 476kcal

**만들기**

❶ 볶음밥을 한입에 들어갈 수 있는 크기로 만들어 양배추에 하나씩 싼다.

❷ 쌀 때는 굵은 줄기 부분은 칼로 살짝 잘라 낸 뒤 물기를 없애고 모양을 내어 싸서 실파로 묶는다.

❸ 강된장을 찍어서 먹으면 더욱 맛있는 양배추쌈밥이 된다.

---

수분 함량이 높은 양배추쌈과 구수한 강된장이 잘 어울려 어른들 입맛에 딱 맞는 음식

호박잎과 강된장이 어울리면 단백하고 시원한 맛이 난다.

＊무기질은 칼슘처럼 뼈와 이를 튼튼하게 한다. 무기질 영양소인 양배추와 탄수화물을 섭취해 보자. 또한 일회용 도시락을 잘 활용해 보자.

＊시장에 가면 화려한 색상의 다양한 모양의 도시락이 많다. 맛있는 음식을 더욱 맛있고 화려하게 담을 수 있는 도시락을 선택하여 즐거운 나들이가 되도록 도와드리자.

553 kcal

40 분

# 김치볶음밥 / 쇠고기완자조림

## 김치볶음밥
### 530kcal

### 재료
밥······························1공기
신 김치·····················100g
설탕······················1/2큰술
베이컨·························3장
파프리카····················1/3개
양파··························1/2개
실파···························3뿌리
다진 마늘···················1/2큰술
깨소금·························약간
소금·····························약간

### 만들기
❶ 잘 익은 김치는 국물을 반 정도 짠 뒤 잘게 다져 설탕을 뿌려놓는다. 설탕은 김치의 신맛을 부드럽게 해 주는 역할을 한다.
❷ 베이컨은 잘게 썰고, 파프리카·양파·실파도 잘게 썬다.
❸ 팬에 기름을 두르고 다진 마늘, 베이컨을 넣고 볶다가 나머지 채소를 마저 넣고 볶는다.
❹ 김치가 투명하게 익으면 밥을 넣고 간을 맞춘 다음 볶아 준다.

## 쇠고기완자조림
### 378kcal

### 재료
다진 쇠고기 ···············200g
(양념 : 소금 1/3작은술, 참기름·깨소금 1/2작은술씩, 다진 마늘·다진 파 1큰술씩, 후춧가루 약간)
파프리카 ····················1/2개
＊조림장 : 간장 2큰술, 설탕 1큰술, 물엿·참기름 1/2작은술씩, 물 1/2컵, 깨소금 약간

### 만들기
❶ 다진 쇠고기를 양념을 넣고 반죽한다.
❷ 반죽한 고기를 직경 2cm 크기로 동그랗게 빚는다.
❸ 냄비를 달구어 완자가 부서지지 않게 돌려 가며 익혀 준다.
❹ 분량의 재료로 조림장을 끓이다가 완자를 넣고 조린다.
❺ 거의 익었을 때쯤 파프리카를 넣는다.

---

**단백질·탄수화물·섬유질·지방까지 영양소가 고루 들어간 도시락**
김치 하나만 있어도 여러 가지 요리를 만들 수 있다. 그중에서도 김치볶음밥은 만드는 방법이 간단하면서도 온 국민이 좋아하는 요리다. 쇠고기완자조림을 곁들이면 영양도 풍부하고 군침이 도는 도시락이 완성된다.
＊도시락으로 좋은 일회 용기 : 커피 전문점에서 테이크 아웃한 커피 용기를 버리지 않고 도시락으로 활용하자. 밥을 담고 뚜껑을 닫으면 간편한 일회용 컵 도시락이 된다.

# 채소고추장밥전

## 재료

밥·······················1공기
다진 피망 ···············1큰술
다진 양파 ···············1큰술
다진 당근 ···············1큰술
다진 감자 ···············1큰술
다진 버섯 ···············1큰술
다진 마늘 ·············1작은술
고추장 ················1작은술

## 만들기

❶ 채소들을 깨끗이 씻어 모두 다 져 놓는다.
❷ 밥을 고추장과 함께 비빈다.
❸ 비빈 밥에 채소를 넣고 고루 섞어 준다.
❹ 팬에 기름을 두르고 한 숟가락 씩 떠서 부쳐 준다.
❺ 전 모양으로 바삭하게 만들어 도시락에 담는다.

찬밥을 이용한 도시락
바삭하고 고소한 밥전 도시락으로 부모님께 사랑을 전달해 보자.
젓가락 통이 없을 경우 일회용 젓가락을 예쁜 냅킨으로 감싸고 리본으로 모양을 내는 센스를 발휘해 보자.

503 kcal

25 분

# PART 6

# 남편을 위한 활력 도시락

밖에서는 회사 업무로, 집안에서는 가장의 역할을 다하기 위해 남편은 항상 바쁘고 어깨가 무겁다. 동분서주하는 남편을 위

해 도시락을 마련해 보자. 날마다 사 먹는 음식에서는 맛볼 수 없는 개운함을 느낄 수 있을 것이다. 정성이 담긴 건강 도시락

은 남편의 스트레스를 풀어 주어 건강을 회복하는 데 도움이 되고 업무와 관련된 에너지를 높여 주기에 충분하나.

# 햄버거스테이크 / 주먹밥

## 햄버거스테이크

### 473kcal

**재료**
쇠고기(간 것) · · · · · · · · · · · · · 100g
돼지고기(간 것) · · · · · · · · · · · 100g
\*고기 양념 : 양파 1/2개, 소금 1/2 작은술, 넛맥 1/3작은술, 계란 1개, 빵가루 3/4컵, 당근 1/4개, 샐러리 (다진 것) 1/2작은술, 다진 파 1큰술, 다진 마늘 1/2큰술, 후춧가루 · 올리브유 약간씩
\*소스 : 스테이크 소스 1큰술, 진 간장 1큰술, 케첩 4큰술, 레몬즙 2 작은술, 생크림 3큰술, 와인 1/4컵, 후춧가루 약간

**만들기**
❶ 양파와 당근은 칼로 곱게 다지 거나 커터기로 곱게 다진다.
❷ 다진 쇠고기와 돼지고기에 양파 와 당근, 다른 양념 재료들을 넣고 손으로 치댄다.
❸ 고기 반죽에 끈기가 생길 때 까지 탁탁 쳐 주면서 치대면 반죽이 완성된다.
❹ 햄버거 스테이크 소스는 분량대로 모든 소스 재료를 넣고 한소끔 끓여 준다.
❺ 완성된 햄버거 고기 반죽은 동글납작하게 만들어 가운데는 약간 움푹 들어가도록 모양을 잡아 준다. 이렇게 하면 구웠을 때 가운데 가 솟아오르면서 오그라들지 않는다.
❻ 모양을 빚은 고기는 올리브유를 바른 오븐 팬에 담고 고기 윗면에 도 올리브유를 발라 준다.
❼ 200℃로 예열한 오븐에서 햄버거스테이크를 10분 정도 구워 준다.

## 주먹밥

### 311kcal

**재료**
밥 · · · · · · · · · · · · · · · · · · 1공기
후리카케 · · · · · · · · · · · · · · 2큰술
참기름 · · · · · · · · · · · · · · · 1/2큰술
김 · · · · · · · · · · · · · · · · · · 1/4매

**만들기**
❶ 밥에 후리카케와 참기름으로 비빈다.
❷ 모양 잡은 주먹밥에 참기름을 살짝 발라 김으로 둘러 준다.
❸ 오븐에서 5~10분 정도 겉면이 누룽지가 되도록 살짝 노릇하게 구워 준다.

### 지친 남편에게 힘을 주는 도시락

기력을 보충하는 고단백 영양식인 햄버거스테이크는 속에 두부나 과일, 치즈 등 어떠한 재료를 섞어도 맛이 좋다. 아침에 하나씩 오븐에 구워 종이 도시락에 담아 남편 가방에 넣어 주자. 먹고 나서 짐이 되지 않도록 가볍게 버릴 수 있는 간편한 도시락이 좋다.
채소와 쇠고기, 돼지고기를 반죽하여 동그랗게 만들어 하나씩 랩을 싸서 냉동 보관하자 .한 번에 많이 만들어 동글게 뭉쳐 냉동실에 얼려 놓았다가 먹을 때마다 꺼내 구우면 편하다.

784 kcal

35 분

무기질과 탄수화물, 지방 등 5대 영양소가 고루 들어 있는 도시락 스트레스 때문에 흰머리가 생기는 남편에게 흑미밥으로 검은 머리카락이 다시 나게 해 주자. 노화와 성인병을 예방하는 흑미는 다양한 효능이 있어 약쌀로 불린다. 흑미밥과 쇠고기버섯말이 도시락으로 든든한 점심 시간을 만들어 보자.

＊칼로리 : 쇠고기버섯말이 409kcal / 흑미밥 330kcal

**739** kcal  **30** 분

# 쇠고기버섯말이와 흑미밥

### 재료
쇠고기(채끝살)·············300g
(양념 : 간장 1큰술, 설탕 2/3큰술, 배즙·청주·다진 파 1큰술씩, 참기름·깨소금 1작은술, 후춧가루 조금)
팽이버섯·················1봉지
청·홍피망················1개씩
실파···················5뿌리
식용유··················적당량
＊소스 : 마요네즈 1큰술, 머스터드 1작은술, 소금·설탕 약간
흑미밥··················1공기

### 만들기
❶ 쇠고기는 사방 5cm 크기로 얇게 저며 칼등으로 자근자근 두들긴 뒤 양념하여 10분쯤 재웠다가 식용유를 두르고 굽는다.
❷ 팽이버섯은 밑동을 자르고 가닥가닥 뗀다.
❸ 피망은 반 갈라 씨를 도려내고 채 썬다.
❹ 실파는 데쳐서 찬물에 헹궈 물기를 없앤다.
❺ 분량의 재료를 고루 섞어 소스를 만들어 ①의 쇠고기에 얇게 펴 바른다.
❻ ⑤의 쇠고기에 소스를 바르고 ②와 ③을 얹은 뒤 돌돌 말아 데친 실파로 묶는다.

# 훈제연어와 흑미밥

## 재료
연어 · · · · · · · · · · · · · · · · · · 100g
양파 · · · · · · · · · · · · · · · · 1/4개
호박 · · · · · · · · · · · · · · · · 1/4개
소금 · · · · · · · · · · · · · · 1/4작은술
후춧가루 · · · · · · · · · · 1/8작은술
식용유 · · · · · · · · · · · · · · 1큰술
흑임자 · · · · · · · · · · · · · · 2큰술
흑미밥 · · · · · · · · · · · · · · 1공기

## 만들기
❶ 훈제 연어에 흑임자를 올린다.
❷ 연어는 1cm 두께로 슬라이스한다.
❸ 양파와 호박은 채 썰어 센 불에서 살짝 볶아 준다.
❹ 밥에 연어와 볶은 재료를 올린다.
❺ 도시락 한쪽에 밑반찬을 담는다.

**574** kcal  **20** 분

### 남편의 기력을 챙기는 연어 도시락

매일 컴퓨터에 눈이 쉽게 피로해지는 남편에게 영양식으로 훈제연어 도시락을 만들었다. 하루 종일 사무실에서 건조해진 피부에 좋으며, 비타민A가 풍부한 연어 도시락. 훈제연어가 약간 느끼할 수 있어 양파와 곁들여 먹으면 좋다.

＊칼로리 : 훈제연어 244kcal / 흑미밥 330 kcal

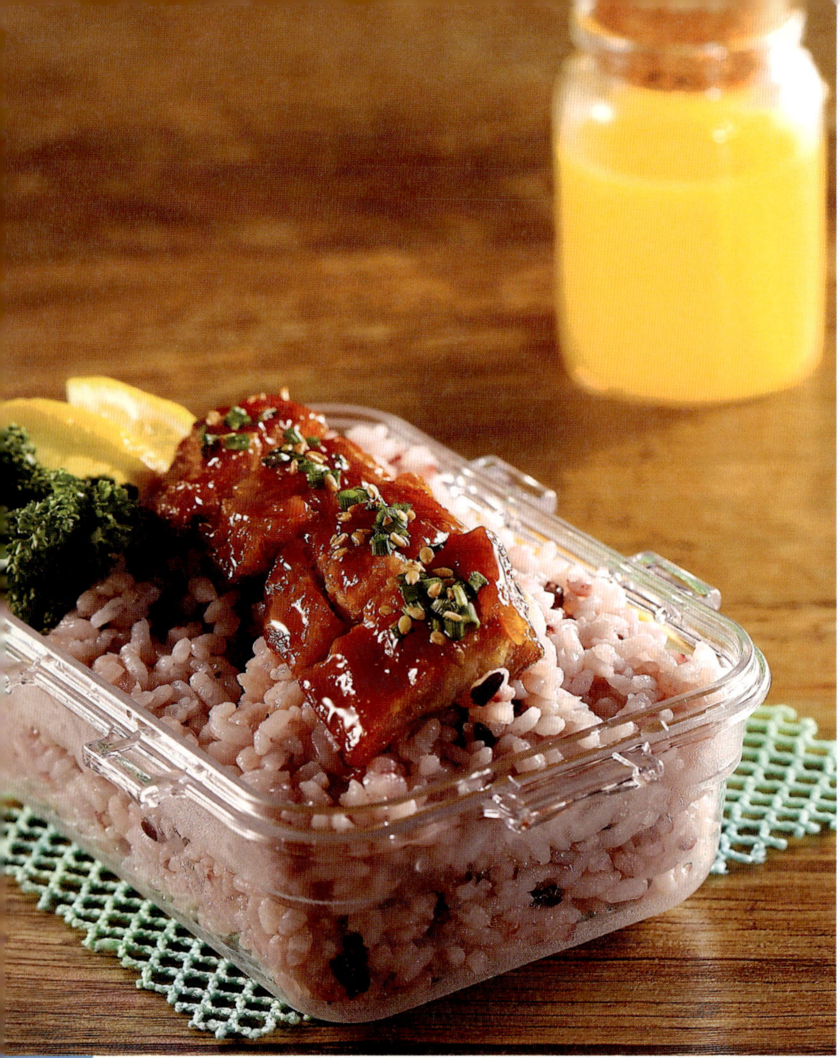

피로 회복과 혈압 조절에 좋은 명태 요리

우리나라 동해안에서 잡은 명태를 자연 건조시킨 황태는 해독 작용이 뛰어나 도시의 매연과 담뱃독에 오염된 몸을 건강히 해독해 주는 작용을 한다. 콜레스테롤이 거의 없으며 고급 단백질 식품인 황태는 피로 회복과 혈압 조절에도 도움을 준다.

* 칼로리 : 황태구이 274kcal / 잡곡밥 312 kcal

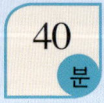

586 kcal | 40 분



# 황태양념구이덮밥

### 재료

수수 · 율곡 · 차조 · 흑미 ··· 각 1컵
다시마(손바닥 크기) ·········· 1장
황태 ·················· 1/2마리
(**양념장** : 다시마 우린 물 2/3컵, 간장 1/2컵, 청주 1/3컵, 물엿 2큰술, 다진 생강 1/3작은술, 마늘 1작은술)

### 만들기

1. 잡곡은 씻어서 체에 밭쳐 30분 정도 두었다가 다시마를 넣어 밥을 짓는다.
2. 냄비에 분량의 재료를 넣고 약한 불에서 끓여 걸쭉한 양념장을 만든다.
3. 황태는 물에 살짝 담갔다가 김이 오른 찜통에 5분 정도 찐다.
4. 황태에 양념장을 발라 가며 팬에 굽는다. 한번 구워서 끝내는 게 아니라, 양념장을 바르고 굽기를 3~4회 반복한다.
5. 도시락에 밥을 담고 구운 황태를 올린다.

# 쇠고기장조림 / 밤밥

## 쇠고기장조림
### 426kcal

**재료**
쇠고기 · · · · · · · · · · · · · · · 300g
(양념장 : 간장 · 설탕 · 청주 1큰술씩,
다진 마늘 · 깨소금 1큰술씩, 소금 ·
후춧가루 약간씩, 참기름 1큰술)
다시마 국물 · · · · · · · · · · · · · 1컵

**만들기**
❶ 쇠고기는 핏물을 말끔히 닦는다.
❷ 분량의 양념장 재료를 넣고 고기를 재운다.
❸ ②의 고기에 다시마국물을 자작하게 부어 윤기 있게 조린다.

## 밤밥
### 310kcal

**재료**
쌀 · · · · · · · · · · · · · · · · · · 1컵
밤 · · · · · · · · · · · · · · · · · · 5알

**만들기**
❶ 쌀은 씻어서 30분간 불린다.
❷ 밤은 속껍질을 벗겨 찬물에 담갔다가 쌀과 함께 밥을 짓는다. 밤은 자체 수분으로 익으므로 밥물은 쌀에 대한 양만 부어야 한다.

736 kcal　45 분

**남편의 피로 회복을 도와주는 건강밥**
입맛이 없을 땐 흰 쌀밥보다 밤을 넣어 단맛을 가미해 보자.
밤은 견과류 가운데서 비타민C가 가장 많아 몸 안의 조직을 튼튼하게 유지하고 스트레스로 인한 피로 회복에 효과적이다.

# 마·마늘·은행구이 / 참치샐러드

## 마·마늘·은행 구이

### 110kcal

**재료**

마 · · · · · · · · · · · · · · · 120g
은행 · · · · · · · · · · · · · · · 6개
마늘 · · · · · · · · · · · · · · · 12알
소금 · · · · · · · · · · · · · 1/8작은술
포도씨유 · · · · · · · · · · · 1큰술
물엿 · · · · · · · · · · · · · · 1작은술
꿀 · · · · · · · · · · · · · · · · 1큰술

**만들기**

❶ 껍질을 벗긴 마는 반으로 갈라 포도씨유를 바르고 소금을 살짝 뿌려 180℃로 예열한 오븐에서 15분간 구워 준다.
❷ 달군 팬에 포도씨유(1작은술)를 두르고 은행을 볶다가 물엿과 소금을 넣고 약한 불에서 굴려 가며 익혀 껍질을 벗긴다.
❸ 은행과 마늘은 꽂이에 끼워 마와 함께 구워 준다.

## 참치샐러드

### 156kcal

**재료**

참치캔(작은 것) · · · · · · · · 1캔
베이비 채소 · · · · · · · · · 약간씩
＊오리엔탈 드레싱 : 양파즙 1/3컵, 올리브오일 2큰술, 식초·간장·설탕 1큰술씩, 마늘·소금 1작은술씩, 후추 약간

**만들기**

❶ 채소는 찬물에 담갔다가 건져 물기를 빼 놓는다.
❷ 참치는 체에 밭쳐 기름을 빼 놓는다.
❸ 오리엔탈 드레싱을 곁들이면 풍미가 더욱 좋다.

---

### 건강식을 가볍게 먹을 수 있는 건강 도시락

기력 증진에 효능이 있는 마와 마늘, 은행으로 구이를 만들고, 샐러드로 입안을 상쾌하게 만들어 주자. 도시락 반찬으로 짠 밑반찬만 담지 말고 건강식을 가볍게 먹을 수 있게 해 보자. 마는 '산속의 장어'로 불릴 만큼 원기 회복에 도움이 되고 남성의 정력 증강에 효과가 나타나는 것으로 알려져 있다. 흡연으로 목이 답답하거나 술 마신 뒤 속이 불편할 때 마를 먹으면 개선 효과가 크다. 하지만 감기로 열이 심하거나 체질적으로 몸이 냉한 사람은 삼가해야 한다.
＊은행과 천마로 만든 차는 집중력을 높여 주며, 심신 안정에 효과적이다.

266 kcal

30 분

# 호박고기박이구이 / 콩나물국 / 흰쌀밥

## 호박고기박이구이
### 248kcal

**재료**
애호박·······················1개
쇠고기(다진 것)···········200g
녹말 가루·················2큰술
소금·후춧가루·식용유··약간씩
＊구이 양념 : 굴소스 2큰술, 청주 1큰술, 다진 마늘·참기름 1작은 술씩

**만들기**
❶ 애호박은 1cm 두께로 썰고 가운데 씨 부분을 동그랗게 판 다음 소금을 약간 뿌려 살짝 절인다.
❷ 다진 쇠고기에 소금과 후춧가루를 넣고 조물조물 무친다.
❸ 분량의 재료를 섞어 양념장을 만들어 놓는다.
❹ 절인 애호박 가운데 부분에 녹말가루를 묻힌 뒤 ②의 쇠고기를 조금씩 떼어 박는다.
❺ 기름을 두른 팬에 애호박을 올리고 노릇하게 구워 준다.

Tip 애호박은 윤기가 나고 색이 진한 것이 맛이 있다.

## 콩나물국
### 42kcal

**재료**
콩나물·····················100g
마늘··························2알
소금·····················1작은술
물····························2컵

**만들기**
❶ 물 2컵에 콩나물과 마늘을 약간 넣고 익을 때까지 뚜껑을 열지 않고 끓인다.
❷ 소금이나 새우젓으로 간을 한다.
❸ 콩나물국은 시원하게 냉장 보관했다가 도시락 국통에 담는다.

Tip 새우젓으로 간을 하면 시원한 해장국 역할을 한다.

## 흰쌀밥
### 300kcal

**재료**
흰쌀·······················200g

**만들기**
❶ 쌀을 깨끗하게 씻어서 10분 정도 불린 뒤 압력솥에 밥을 짓는다.
❷ 밥을 도시락 통에 담고 후리카케를 하트 모양으로 장식한다.

Tip 주먹밥이나 볶음밥 등에 사용하는 후리카케를 밥에 섞어 먹으면 한결 맛이 있다.

---

**냉장고에 흔히 보관하는 콩나물과 호박을 활용하여 만드는 도시락**

수분 함량이 많아 소화가 잘되는 애호박에 고기 양념을 넣어 전을 만들었다. 전은 손이 많이 가는 음식으로 주로 명절이나 제사에 많이 올린다. 호박에 고기 양념을 얹어서 담백한 전을 만들 수 있다. 애호박은 주성분인 당질과 비타민A와 C가 풍부하여 소화 흡수가 잘 된다. 또 씨에 들어 있는 레시틴 성분은 두뇌 개발에 효과가 있어 점심 메뉴로 좋다. 특히 여름 애호박은 자른 단면에 단물이 배어 나올 정도로 맛도 좋고 영양가도 풍부하다.

590 kcal

35 분

# 단호박갈비살조림 / 볶음밥

## 단호박갈비살조림

### 371kcal

**재료**

단호박 · · · · · · · · · · · · · · · · 1/2개
갈비살 · · · · · · · · · · · · · · · · 300g
대파(흰뿌리 부분) · · · · · · · 1뿌리
양파 · · · · · · · · · · · · · · · · · 1/4개
파프리카 · · · · · · · · · · · · · · 1/2개
소금 · · · · · · · · · · · · · · · · · · 약간
밤 · · · · · · · · · · · · · · · · · · · · · 3알
＊조림장 : 간장 2큰술, 다진 마늘
1큰술, 설탕 · 참기름 · 청주 1큰술
씩, 통깨 · 후춧가루 약간씩, 다시
마 우린 물 1/2컵

**만들기**

❶ 단호박은 반을 갈라 씨를 긁어
내고 사방 1.5cm 크기로 썬다.
❷ 갈비살은 키친타월에 올려 핏물
을 뺀 뒤, 먹기 좋은 크기로 썰어
잔 칼집을 넣는다.
❸ 굵은 파와 양파, 파프리카는 먹
기 좋은 크기로 썬다. 밤은 껍질을
벗겨 물에 담가 놓는다.
❹ 조림장 재료를 볼에 넣고 잘 섞
은 뒤 냄비에 단호박을 넣고 조림
장을 부어 중간 불에서 끓인다.
❺ 단호박에 조림장이 살짝 배면
갈비살과 ③의 채소를 함께 넣고
약한 불에서 윤기 나게 조린 뒤 통
깨를 뿌린다.
❼ 도시락 통에 밥을 반 담고, 나머
지 부분에는 갈비살 조림을 담고
나서 뚜껑을 덮는다.

## 볶음밥

### 617kcal

**재료**

밥 · · · · · · · · · · · · · · · · · · · 1공기
파프리카 · · · · · · · · · · · · · · 1/4개
양파 · · · · · · · · · · · · · · · · · 1/4개
호박 · · · · · · · · · · · · · · · · · 1/5개
당근 · · · · · · · · · · · · · · · · · 1/5개
소금 · · · · · · · · · · · · · · · · · · 약간
올리브유 · · · · · · · · · · · · · · · 약간

**만들기**

❶ 분량의 재료를 잘게 썬다.
❷ 프라이팬에 올리브유를 두르고
①을 볶는다. 이때 소금으로 간한
다.
❸ ②에 밥을 넣고 함께 볶아 준다.

---

**도시락 통 하나에 다 담을 수 있는 반찬과 볶음밥**

영양소가 풍부한 단호박과 갈비살을 조려 입맛을 돋워 주는 도시락을 준비한다. 채소와 볶음밥을 넣
어 한 가지 반찬으로도 도시락을 쌀 수 있다.
단호박은 녹말과 무기염류가 풍부하고, 비타민B · C가 풍부하여 비장(지라)의 기능을 돕고 식욕을
증진시키기 때문에 비장이 약한 사람들이 즐겨 먹는다. 하지만 소화 시간이 길기 때문에 뱃속에 가
스가 잘 차는 사람, 만성 위장 장애가 있는 사람은 피하는 것이 좋다.

988 kcal

30 분

# 삼색주먹밥 / 감자샐러드

## 삼색주먹밥

### 570kcal

**재료**

밥 · · · · · · · · · · · · · · · · · · 2.5공기
(밥 양념 : 참기름 1.5큰술, 소금 1작
은술, 통깨 1큰술)
참치 · · · · · · · · · · · · · · · · · · 1캔
김치(다진 것) · · · · · · · · · 2큰술
삶은 계란 노른자(다진 것) · · 1개분
구운 김 · · · · · · · · · · · · · · · · 1장
당근(다진 것) · · · · · · · · · · 2큰술
＊김치참치볶음양념 : 고춧가루 1
큰술, 다진 마늘 1작은술, 설탕 1/2
작은술, 참기름 1큰술, 후춧가루

**만들기**

❶ 주먹밥과 손가락김밥을 만들 2
공기 분량의 밥을 양념한다. 찬밥
이라면 따뜻하게 데워서 참기름,
통깨, 소금으로 골고루 양념한다.
❷ 달군 팬에 참기름을 두르고 기
름 뺀 참치, 송송 썬 김치, 마늘, 고
춧가루, 설탕, 통깨, 후춧가루를 넣
어 양념이 어우러지도록 달달 볶아
낸다.
❸ 주먹밥을 감쌀 김 가루, 다진 당
근, 삶은 계란 노른자 다진 것을 준
비한다. 재료는 모두 잘게 준비해야
주먹밥에 잘 달라붙는다.

❹ 일회용 장갑을 끼고 양념한 밥
을 편 뒤, 김치참치볶음을 얹어서
벌어지지 않도록 꼭꼭 여며 준다.
❺ 동글동글 벌어지지 않도록 모양
내어 주먹밥을 만든 뒤 김가루, 당
근, 노른자를 골고루 묻혀 준다.

Tip 주먹밥이 식으면 잘 뭉쳐지지
않으므로, 밥이 식기 전에 재빨
리 완성한다.

## 감자샐러드

### 141kcal

**재료**

감자 · · · · · · · · · · · · · · · · · · 1/2개
마요네즈 · 설탕 · · · · · · 1작은술씩
소금 · · · · · · · · · · · · · · 1/8작은술
플레인 요구르트(또는 우유) · · · · ·
· · · · · · · · · · · · · · · · · · · · · · 1큰술
익은 완두콩 · 스위트콘 · · · · · · · · ·
· · · · · · · · · · · · · · · · · · 1작은술씩

**만들기**

❶ 감자는 삶는다.
❷ 익은 감자는 껍질을 벗겨 큼지
막하게 썰어 전자레인지에 5분간
돌려 뜨거울 때 으깨어 준다.
❸ 분량의 마요네즈와 설탕, 소금
을 넣어 섞어 준다.
❹ 준비된 완두콩과 스위트콘을 넣
고, 플레인 요구르트를 넣어 곱게
치댄다.

---

**맛있는 삼색주먹밥과 감자샐러드로 멋진 도시락 연출**

가지각색의 주먹밥이 식욕을 증진시켜 준다.
예쁜 도시락을 싸겠다고 비싼 값을 치르지는 말자. 을지로 방산시장이나 남대문시장에 가면 자연스
럽고 멋스러운 나무 도시락을 저렴하게 구입할 수 있다. 환경오염의 원인이 되고 환경 호르몬 위험
이 있는 일회용 용기보다는 나무도시락이 자연 친화적이고 아름답게 느껴진다.

711 kcal

25 분

# 매운오징어볶음 / 흰쌀밥

## 매눈오징어볶음

### 95kcal

### 재료
오징어 · · · · · · · · · · · · · · · 1마리
식용유 · · · · · · · · · · · · · · · 적당량
＊양념장 : 간장 · 고추장 1큰술,
다진 파 2큰술씩, 청양고추 2개, 고
춧가루 2큰술, 설탕 · 물엿 · 청
주 · 다진 마늘 1큰술씩, 다진 생강
1작은술, 참기름, 깨소금 1/2큰술
씩, 소금 · 후춧가루 조금씩

### 만들기
❶ 오징어는 반 갈라 내장을 빼고
키친타월로 껍질을 쥐고 벗겨 길이
로 3등분한다.
❷ 길이로 3등분한 오징어를 다시
1cm 폭으로 썰어 겉쪽에 칼집을
세 번 정도 어슷하게 넣는다.
❸ 양념장에 오징어를 넣고 버무려
서 잠시 재워 둔다.
❹ 식용유를 두르고 양념한 오징어
를 볶아 낸다.
❺ 매운 입을 달랠 수 있는 과일을
곁들인다.

## 흰쌀밥

### 300kcal

### 재료
흰쌀 · · · · · · · · · · · · · · · 200g

### 만들기
쌀을 깨끗하게 씻어서 10분 정도
불린 뒤 압력솥에 밥을 짓는다.

**언제 어디서나 구하기 쉽고 손질이 쉬운 오징어로 만드는 맛도시락**
매운맛은 식욕을 돋워 주는 역할을 한다. 오징어와 고추장 양념이 잘 어울리는 오징어 볶음밥 도시
락과 제철 과일로 입 안을 시원하게 해 준다.
＊비타민이 풍부한 과일을 곁들이면 피로를 풀어 주는 한 끼 식사로 충분하다.

**395** kcal  **30** 분

# PART 7

# 우리 아기 이유식 도시락

이유식에 대한 정보가 미약한 초보 엄마들은 재료 활용이나 만드는 방법을 제대로 알지 못해 어렵게 생각하는 경우가 많다.

좀 더 맛있고 부드러우며 영양이 풍부한 이유식에 도전해 보자. 여러 가지 신선한 재료로 다양한 맛을 내어 세상에 태어나

처음으로 먹는 이유식이 편안한 것이 되게 하자.

이유식 시작은 쌀죽으로 시작하는 것이 좋다. 쌀에는 알레르기 반응을 일으키는 글루텐이란 단백질이 없기 때문에 처음 시

작하는 이유식으로 적합하다. 쌀죽에 물 대신 우유나 모유를 넣어도 좋다.

# 찹쌀단호박미음

## 초기 이유식

초기 이유식은 생후 4개월부터 시작한다. 줄줄 흐를 정도의 농도로 만들어 아기의 입 크기에 맞는 숟가락을 이용하는 것이 좋다.

처음에는 대부분 흘리겠지만 인내심을 가지고 반복하면 아기가 곧잘 먹게 된다.

### 재료
불린 쌀 · · · · · · · · · · · · · 1/2컵
단호박 · · · · · · · · · · · · · 1/5개

### 만들기
❶ 단호박은 깨끗하게 씻어서 속을 파내고, 껍질을 벗겨 낸다.

❷ 적당히 썰어 김이 완전히 오른 찜기에 올린 뒤 15분 정도 완전히 익혀 쪄 낸다.

❸ 단호박을 체에 곱게 으깬다.

❹ 불린 쌀은 깨끗이 씻어 믹서에 간다.

❺ 물 1.5컵에 곱게 간 쌀을 넣고 중불에서 누르지 않게 저어 가며 익혀 준다.

❻ ❺의 쌀이 반 정도 익으며 체에 걸러 낸 단호박을 넣어 저어 주면서 5~7분 더 익힌다.

❼ 잘 끓인 죽을 고운체에 한 번 더 걸러서 식힌 뒤 아이에게 먹인다.

### 첫 이유식으로 좋은 찹쌀

찹쌀은 활동에 필요한 에너지를 더 많이 낼 수 있다. 특히 아기가 설사를 할 때 찹쌀 미음을 먹이면 효과가 있다. 섬유질이 풍부하므로 비장의 기능을 돕고 아기들의 입맛에 잘 맞는다. 위와 장을 보호해 주는 효과가 있는 찹쌀단호박미음을 만들어 보자.

**245** kcal

**20** 분

# 두부치즈죽

**중기 이유식**

중기 이유식은 모유나 분유에서 모자라는 영양소의 대부분을 제공해 준다.
중기 이유식부터는 재료를 갈아 주지 않고 잘게 다져 주어야 하지만 처음 시작하는 영아들이 알갱이에 거부감을 느낄까 봐 갈아서 넣었다.

### 재료
두부 · · · · · · · · · · · · · · · · · · 1/4모
슬라이스 치즈 · · · · · · · · · · · 1장
우유 · · · · · · · · · · · · · · · · · · 1/2컵

### 만들기
① 두부를 0.5cm 크기로 깍둑썰기를 한다.
② 냄비에 우유 1/2컵을 넣고 약한 불에 끓인다.
③ 치즈를 1장 넣고 저어 가며 치즈가 녹을 때까지 끓인다.
④ 준비한 두부를 넣고 한소끔 더 끓인다.

체내의 신진 대사와 성장 발육에 꼭 필요한 두부와 치즈로 만드는 이유식
단백질 식품인 두부는 맛뿐만 아니라 영양 면에서 더할 수 없이 훌륭한 식품이다. 소화율이 높고 면역력을 증강시킨다. 환경 호르몬이 나오지 않는 유리 그릇에 담아 외출 시 하나씩 가방에 넣어 가자.

302 kcal

20 분

치아를 건강하게 하는 이유식

아기의 이유식 섭취는 섭취하는 양을 잘 보면서 조금씩 횟수를 늘리는 것이 좋다.
건포도의 성분이 구강 내의 충치와 치아 손상을 일으키는 박테리아를 물리치는 효과가 있다. 물컹거리는 건포도는 최대한 잘게 썰어 아기들이 먹기 좋게 만든다.

**222** kcal

**15** 분

# 건포도빵죽

## 재료
식빵·····················1장
건포도 ··············1/2큰술
물·····················1/4컵
분유·················1큰술

## 만들기
❶ 건포도는 미지근한 물에 5분 정도 불린다.
❷ 건포도가 부드러워지면 곱게 다져 준비한다.
❸ 물 1/4컵에 분유 1큰술을 넣어 탄다.
❹ 식빵은 가장자리를 잘라 내고 1~2cm 크기로 손으로 뜯어 냄비에 담고 건포도와 분유 탄 물을 넣어 한번 부르르 끓인다.

Tip 식빵은 가장자리를 잘라 내고 1~2cm 크기로 잘라 냉동 보관한 뒤 먹을 때마다 꺼내어 끓이면 간편하다.

# 단호박죽

## 재료

단호박 · · · · · · · · · · · · · · 1/4개
밥 · · · · · · · · · · · · · · · · 1/3공기
물 · · · · · · · · · · · · · · · · · 1/2컵

## 만들기

❶ 단호박은 깨끗하게 씻어서 속을 파내고, 껍질을 벗긴다.

❷ 적당히 썰어 김이 완전히 오른 찜기에 올린 뒤 15분 정도 완전히 익혀서 꺼내어 으깨 놓는다.

❸ 밥은 작은 냄비에 담고 물 1/2컵을 부은 뒤 약한 불에 저어 가며 끓인다.

❹ 밥알이 퍼지기 시작하면 으깬 단호박을 넣고 한소끔 더 끓인다.

**208** kcal　**20** 분

**면역력을 강화에 도움이 되는 단호박 이유식**

동지에 호박죽을 먹지 않으면 중풍에 걸린다는 말이 있을 정도로 호박의 효능은 뛰어나다. 특히 항암 작용이 뛰어난 성분인 베타카로틴이 기도와 콧속 정맥을 튼튼하게 해 감기에 대한 저항력을 길러 준다. 미네랄과 비타민B와 C도 풍부해 인체의 신진대사와 면역력을 강화해 준다.

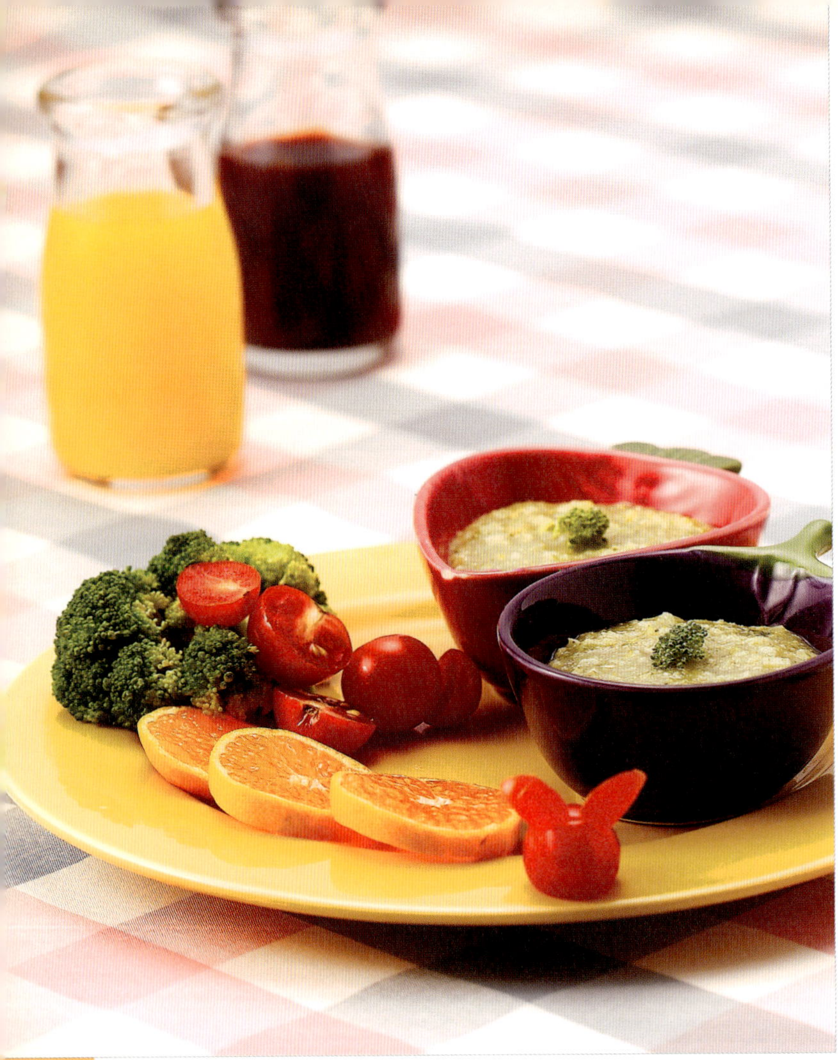

아기의 변비를 예방하는 이유식

비타민C가 풍부한 브로콜리의 꽃봉오리와 줄기에는 식이섬유가 풍부하다.
식이섬유는 장 속의 유해 물질을 흡착시켜 배출하고 몸속을 깨끗하게 비워 주므로 아기들 변비에도 좋다.
중기 때부터 오렌지주스를 조금씩 먹여 보자. 새콤한 맛을 거부할 수도 있지만 조금씩 반응을 보이기도 한다.

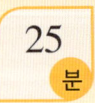

124 kcal

25 분



# 브로콜리사과죽

**재료**

브로콜리 ·················· 1/5개
사과 ······················ 1/4개
녹말가루 ················ 1작은술
물 ······················ 1작은술

**만들기**

1. 브로콜리는 잘게 다진다.
2. 사과는 껍질을 벗기고 강판에 간다.
3. 작은 냄비에 브로콜리와 사과 간 것(2큰술)을 넣어 끓인다.
4. 녹말가루와 물을 섞어 녹말물을 만든다.
5. ③이 끓으면 녹말물을 넣고 덩어리가 지지 않도록 저으며 농도를 조절하여 중불에 끓인다.

Tip 브로콜리는 끓는 물에 소금을 약간 넣고 데쳐 송이를 가닥가닥 떼어 냉동시켜 놓으면 편리하다.

# 사과당근죽

## 재료

사과 · · · · · · · · · · · · · 1/2개
당근 · · · · · · · · · · · · · 1/4개
불린 쌀 · · · · · · · · · · 1/2컵
분유물 · · · · · · · · · · · 1.5컵

## 만들기

❶ 쌀을 30분 이상 불려 생수를 조금 넣고 적당히 갈아 준다.
❷ 사과와 당근도 강판에 곱게 갈아 준다.
❸ 간 쌀에 분유물을 넣고 끓이기 시작하여 끓어 오르면 약한 불로 줄인 뒤 쌀이 푹 퍼질 때까지 은근하게 끓여 준다.
❹ 쌀이 퍼지기 시작하면 간 사과와 당근을 넣고 1~2분 더 끓여 준다.

 **299** kcal

 **25** 분

### 숟가락으로 떠 먹이는 사과당근 이유식

이유식은 반드시 숟가락으로 떠먹여야 한다. 젖병이 아닌 숟가락으로 이유식을 먹이다 보면 아기들이 직접 먹고 싶어 하는 경향이 생긴다. 아기의 성장 과정에 맞춰 떠먹는 이유식을 시행하는 것이 좋다. 당근에는 카로틴이 많이 들어 있어 발육 촉진에 도움이 된다.

# 차조쇠고기죽

## 재료

불린 쌀 · · · · · · · · · · · · · · · · 1컵
불린 차조 · · · · · · · · · · · · · 3큰술
당근 · · · · · · · · · · · · · · · · · 1/5개
양파 · · · · · · · · · · · · · · · · · 1/8쪽
쇠고기 · · · · · · · · · · · · · · · 100g
물 · · · · · · · · · · · · · · · · · · 2.5컵

## 만들기

❶ 쌀과 조를 1시간 정도 불린다.
❷ 당근과 양파는 3mm 정도 크기로 썬다.
❸ 쇠고기를 잘게 다져 준비한다.
❹ 불린 쌀과 조를 충분히 갈아 준다.
❺ 간 쇠고기를 냄비에 볶는다.
❻ 볶은 쇠고기에 갈아 놓은 쌀과 조를 넣고 물을 2컵 정도 붓고 썰어 놓은 당근을 넣고 끓인다.
❼ 쌀과 당근이 충분히 익으면 양파를 넣고 한소끔 더 끓인다.

**아기를 안정시켜 주는 이유식**

조는 비위 허약 · 소화 불량 · 구토 · 설사 · 이질에 효과가 있다. 또 몸을 따뜻하게 해 주는 성질이 있어서 이유식으로 매우 좋다.

*후기 이유식부터는 쇠고기를 조금씩 넣어 이유식을 만드는 것이 좋다.

378
kcal

15
분

아프거나 입맛이 없는 아기들에게 바나나의 단맛을 느끼게 해 주는 이유식

버섯은 피를 맑게 해 주고 바나나와 궁합이 잘 맞는다.
아기들이 자칫 먹기 싫어할 수 있는 버섯에 달콤한 바나나를 넣어 만든 이유식을 유리 도시락에 담아 야외로 나가 보자.

**390** kcal

**15** 분

# 양송이바나나죽

## 재료
쌀밥 · · · · · · · · · · · · · · · · 1/2컵
바나나 · · · · · · · · · · · · · · · · 1개
양송이 · · · · · · · · · · · · · · · · 3개
우유 · · · · · · · · · · · · · · · · 2컵

## 만들기
❶ 양송이와 바나나는 사방 크기 0.5cm 정도가 되도록 잘게 다져 준다.

❷ 작은 냄비에 우유 2컵, 쌀밥 1/2컵, 다진 버섯과 바나나를 넣는다.

❸ 센 불에서 재료들을 끓이면서 매쉬(감자 등을 으깨는 도구)로 다시 한번 으깬다.

❹ 보글보글 끓어오르면 불을 약불로 줄이고 눌러 붙지 않도록 저어 가며 5분간 더 끓인다.

❺ 한 김 나가면 유리 도시락 통에 담는다.

❻ 넉넉히 만들었다면 유리통에 담아 냉장 보관하자.

# 연어크림리소토

## 재료

양파 · · · · · · · · · · · · · · · · 1/4개
아스파라거스 · · · · · · · · · · · 2개
훈제연어 · · · · · · · · · · · 1/2토막
우유 · · · · · · · · · · · · · · · 1/2컵
슬라이스 치즈 · · · · · · · · · · 1장
불린 쌀 · · · · · · · · · · · · · 1/2컵

## 만들기

❶ 양파와 아스파라거스는 잘게 다 진다.

❷ 연어는 1cm로 썰어 준비한다.

❸ 불린 쌀에 우유를 붓고 끓인다.

❹ 끓기 시작하면 양파와 아스파라 거스를 넣고 끓이다 마지막에 연어 를 넣는다.

❺ 연어가 익으면 주걱을 세워 연어 살을 잘게 부수어 가며 끓인다.

❺ 치즈를 넣어 완전히 녹도록 뚜껑 을 덮은 뒤 눌지 않게 저어 가며 국 물이 졸아들도록 끓이면 완성된다.

**298** kcal

**30** 분

**아기 피부의 보습을 유 지해 수는 연어 도시락**
거칠어지기 쉬운 아기 피부를 위해 연어크림 리소토를 만들어 보자. 오물오물 씹기 시작하 는 아기들에게 맛과 영 양을 줄 수 있는 이유식 을 정성껏 만들어 보자.

피로 회복에 효과 빠른 명란 이유식

명란은 놀다가 지쳐 피곤한 아기의 힘을 북돋우는 데 좋다.
같은 이유식을 거부할 경우 여러 가지 재료로 새롭게 만들어 보자.
꾸준히 골고루 잘 먹이면 아기의 건강이 유지될 것이다.

**239** kcal

**20** 분

# 명란채소죽

## 재료

호박 · · · · · · · · · · · · · · · · 1/5개
양파 · · · · · · · · · · · · · · · · 1/5개
백명란젓 · · · · · · · · · · · · 1/2개
참기름 · · · · · · · · · · 1/2작은술
밥 · · · · · · · · · · · · · · · 1/2공기
물 · · · · · · · · · · · · · · · · · 1.5컵
깨소금 · · · · · · · · · · · · · · · 약간

## 만들기

❶ 호박과 양파를 잘게 다진다.
❷ 백명란젓은 1/2토막을 가위로 껍질을 벗겨 낸다.
❸ 프라이팬에 참기름을 두른 뒤 호박과 양파를 볶는다.
❹ 양파와 호박이 익으면 명란젓을 넣고 하얗게 익을 때까지 중불에 저으며 볶아 준다. (온도가 높으면 명란젓이 탁탁 튀면서 타는 경우가 있다.)
❺ 물 1.5컵에 밥 1/2공기를 넣어 밥알이 퍼질 때까지 푹 끓인다.

❻ 밥알이 퍼지면 ④의 볶은 양파와 호박, 명란젓을 넣고 한 번 더 끓여 낸다.

# 채소쇠고기우동

## 재료

우동 면 · · · · · · · · · · · · · · · · 50g
배추 · · · · · · · · · · · · · · · · · · · 20g
다진 쇠고기 · · · · · · · · · · · · · 15g
멸치 · · · · · · · · · · · · · · · · · · · 3마리
물 · · · · · · · · · · · · · · · · · · · · 3/4컵
간장 · · · · · · · · · · · · · · · · · · 1작은술
가다랑어포 · · · · · · · · · · · · · · 한 줌

## 만들기

❶ 단호박과 배추는 0.5cm 크기로 썬다.

❷ 다진 쇠고기는 팬을 달궈 중불에 살짝 볶는다.

❸ 멸치는 머리를 떼고 내장을 뺀 뒤 물을 붓고 끓인다. 여기에 가다랑어포를 넣고 한 번 더 끓인 뒤 건더기는 모두 건져 내어 육수를 만든다.

❹ 육수에 단호박과 배추를 넣고 끓이다가 우동 면을 넣어 한 번 더 끓인 뒤 불을 끈다.

❺ ④를 그릇에 담고 볶은 쇠고기를 올린다.

Tip 우동은 끓는 물에 넣고 삶아서 체에 받쳐 물기를 뺀 다음 2~3cm 길이로 잘라 냉동 보관한다. 육수도 넉넉히 끓여 한 번 쓸 분량만큼씩 나눠 냉동해 두었다가 사용하면 간편하다.

| 150 kcal | 20 분 |
| --- | --- |

**먹는 즐거움을 더해 주는 우동**

처음 접해 보는 우동에 아기들은 마냥 즐거워한다.
긴 국수 가락을 손가락으로 만지려 하고 입에 넣으려고도 할 것이다. 질 좋은 고기로 맛을 낸 육수에 우동을 끓여 보자.

후기 이유식에서 가장 기본적인 이유식

각종 채소들과 쇠고기를 함께 넣어 여러 가지 이유식으로 응용해 보도록 하자.

Tip 이유식 그릇 1공기는 어른 밥공기로 1/2공기 정도다. 밥의 양이 적고 간장과 채소의 수분이 있어 기름을 넣지 않아도 잘 볶아진다. 볶음밥에 간을 할 때는 간장 대신 소금을 사용해도 된다.

**226** kcal

**15** 분

# 채소쇠고기볶음밥

**재료**

양배추····················20g
숙주 ····················20g
다진 쇠고기 ············1큰술
(양념 : 간장 1/4작은술, 설탕 약간)
밥 ···········1공기(이유식 그릇)
통깨 ··················1작은술
간장 ··············1/2작은술

**만들기**

❶ 양배추와 숙주는 잘게 1cm로 잘게 채 썬다.
❷ 다진 쇠고기는 간장과 설탕으로 양념해 팬에 볶는다.
❸ 다진 쇠고기가 익으면 끓는 물에 데친 양배추와 숙주를 넣어 한 번 더 볶아 준다.
❸ ②에 밥과 간장을 넣고 섞으며 살짝 볶은 뒤 불을 끄고 통깨를 뿌린다.

Tip 이유식 그릇 1공기는 어른 밥공기로 1/2공기 정도다. 밥의 양이 적고 간장과 채소의 수분이 있어 기름을 넣지 않아도 잘 볶아진다. 볶음밥에 간을 할 때는 간장 대신 소금을 사용해도 된다.

# 미소된장두부국밥

## 재료

두부 · · · · · · · · · · · · · · · · 1/4모
불린 미역 · · · · · · · · · · · · 20g
된장 · · · · · · · · · · · · · · · · 1큰술
밥 · · · · · · · · · · · · · · · · 1/2공기
물 · · · · · · · · · · · · · · · · 1컵

## 만들기

❶ 물에 2시간 정도 불린 미역은 잘게 썬다.

❷ 두부는 먹기 좋은 크기(약 0.5~0.8cm 정도)로 깍둑썰기한다.

❸ 뜨거운 물 1컵에 체를 이용해서 된장을 풀어 준다.

❹ 썰어 놓은 미역을 먼저 넣은 뒤 밥을 넣고 약한 불로 팔팔 끓인다.

❺ 썰어 놓은 두부를 넣고 두부가 흐트러지지 않도록 부드럽게 저어 준다.

❻ 약한 불로 10분 정도 더 끓여 주면 이유식 완성.

**201** kcal  **15** 분

**아기들의 면역력 강화에 좋은 된장 이유식**

콩으로 만든 된장에 콩으로 만든 두부까지 단백질을 2배로 섭취할 수 있다.

씹기 좋고 부드러운 두부는 아이들이 좋아하는 음식 가운데 하나다. 미소된장 이유식을 만들 때는 생쌀이 아닌 밥을 해서 만들면 더욱더 좋다.

# 고구마표고진밥 / 고구마칩

## 고구마표고진밥
### 225kcal

**재료**

고구마 · · · · · · · · · · · · · · 1/3개
표고 · · · · · · · · · · · · · · · 2장
애호박 · · · · · · · · · · · · · 1/4개
불린 찹쌀 · · · · · · · · · · 1/3컵
불린 멥쌀 · · · · · · · · · · 1/3컵

**만들기**

❶ 껍질을 벗긴 고구마와 애호박, 표고는 0.5cm 크기로 썬다.
❷ 압력솥에 불린 찹쌀과 멥쌀을 섞은 밥에 물 2컵을 넣고 진밥을 만든다.

## 고구마칩
### 117kcal

**재료**

고구마 · · · · · · · · · · · · · 1/2개

**만들기**

❶ 고구마를 전자레인지에 30초 정도 돌려 준 뒤 껍질을 벗긴다.
❷ 얇게 슬라이스한 뒤 180℃ 오븐에서 5~7분 정도 구워 준다.
❸ 겉면만 살짝 구워 주는 것이 좋다.

---

**아기가 침을 많이 흘릴 때 먹이면 좋은 음식**

아기가 유난히 침을 많이 흘리면 입 안 어딘가가 헐거나 염증이 생겼는지 확인해 봐야 한다. 이럴 경우 뜨거운 음식은 피하고, 찬물과 우유, 요구르트 · 감자 · 단호박 · 고구마 등을 이용한 부드러운 이유식을 먹이면 좋다.

**372** kcal

**25** 분